U0155851

后浪电影学院

214

The Bare Bones Camera Course for Film and Video

快速上手！
视频拍摄剪辑入门

[德] 汤姆·施罗佩尔 著

刘大鹏 王丽冬 译

贵州出版集团
贵州人民出版社

序　言

20世纪70年代末，我在迈阿密拍摄电视广告和商业宣传片。其间每年我也去几趟厄瓜多尔，为当地电视台培训摄影团队。当有天我在小哈瓦那的一张餐厅纸巾上画图来跟客户讲技术时，才发现这跟上周在基多（厄瓜多尔首都）做的是重复劳动，只不过那次用的是西班牙语。此刻我决定把我的训练笔记翻译成英文、归纳成手册，方便客户理解；如果手册销路好能挣钱，那就再好不过了。我给这本书定名为 *The Bare Bones Camera Course for Film and Video*。

本书的内容基于我在厄瓜多尔的授课，也基于我曾在新泽西州蒙默斯堡的陆军电影摄影学校所学到的。（我曾服役于陆军做摄影师，后来还当了通信团的军官。）战地摄影与电视新闻报道都需要高效率且符合基本规范的操作。

我刚开始只是希望这书卖得能起码不赔本，后来的事实超过了我的预期。学生们发现它很好读懂，老师们也觉得有帮助。这些年来，有超过700所院校用它当了基础教材。也不乏一些主流出版社提出邀请，不过我还是坚持自助出版，这样的好处是能保持亲自跟消费者的交流，以及如我所愿能让这本书维持平易的价格。

　　欧沃斯（Allworth）出版社发行了本书的最新一版，我很高兴这么一家有地位与实力的组织可以为本书传递薪火，他们为大家将来依然能买得起并从这本书中获益提供了保障。读者朋友们，我真诚希望它能持续为您服务。

Tom Schroeppel

汤姆·施罗佩尔

前　言

　　本书力求通俗易懂地阐明如何使用电影摄影机、电视摄像机等设备高效地摄制影像。

　　如果你是一名摄影师或有志于此，我建议除此书外，你还应读读摄影机、摄像机的说明书。当你搞清楚这两者之后，就可以尝试入行工作了。

　　如果你只是想了解摄影机的使用原理，对进入行业并不感兴趣，那么就没有必要进行额外阅读，轻松享受本书的阅读体验就好。

　　这一版中还添加了有关声音和剪辑的内容，这些内容原本收录在我之前所著的 *Video Goals: Getting Results with Pictures and Sound* 中。

目　录

（第1章）

基础理论

摄影机工作原理

　　摄影机的原理是对人眼工作机制的简单模仿。与人眼一样，摄影机通过镜头来"看"：镜头负责收集物体反射出的光线，这些光线会被投射到一个可以感知场景明暗和色彩影像的平面。在人眼中，眼球后方的平面负责将接收到的光线信息传给大脑，大脑再将其转化为物体图像，这就完成了人眼"看见"物象的过程。

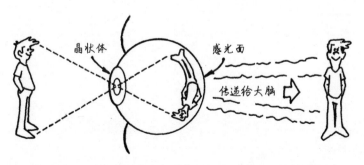

眼睛负责收集物体反射出的光线，大脑再将其转化为物体图像

在摄影机中，镜头会将光线投射到感光材料上。摄影机把光线形成的图案记录到胶片上，胶片上涂有能感光的化学物质。它们根据接触到的光量和色彩的不同，会发生不同的化学反应，从而形成不同的图案。当这些胶片经过后继的化学物质处理后，物体图像即会显现出来。

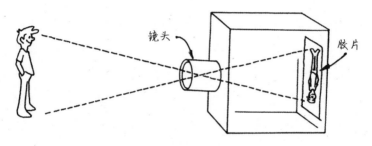

胶片相机将光的图案记录在涂布有感光化学材料的胶片上

你会发现，当光线通过眼睛的晶状体或是摄影机的镜头时，影像都会被上下倒置，这是因为晶状体和摄影机的镜头实质上都是凸透镜或者向外弯曲的镜片。由于凸透镜的物理属性，物体总是倒置成像。这些图像的正反随后在大脑或摄影机的取景器中又得以恢复正常。

电影摄影机记录图像的频率要比照相机更高，但它们记录图像的方式是一样的。8mm 的摄影机通常每秒可拍摄 18 帧不同的图片或画面。16mm 和 35mm 的摄影机每秒可拍摄 24 帧画面。

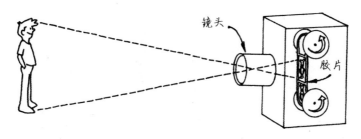

镜头

胶片

摄影机每秒可拍摄许多张不同的画面

　　当这些画面以同样的速率被投射到屏幕上时，就会给人一种物体连续运动的错觉。观众可以脑补出每帧画面间的空隙，这在生理学上被称为"视觉暂留"现象。

　　数码相机和数字电影摄影机的镜头会将光的图像投射到感光元件上，包括 CCD（电荷耦合元件）或 CMOS（互补金属氧化物半导体）。这些传感器的表面有数以千计到百万计的微小感光区域，这些感光区域被称为像素，它们根据接触到的光的颜色和强度的不同而发生变化。在摄影机内，所有像素可以同时组成一帧完整图像，一般的感光元件每秒内可收集 25 或 30 帧这样的图像。这些图像随后被存储到摄影机中或直接播放出来。（见下页图）

　　在取景器或电视机中，上面整个过程倒转，原图像得以再现。"视觉暂留"现象会让观众把许多独立的图片或画面视为一个连续的运动过程。

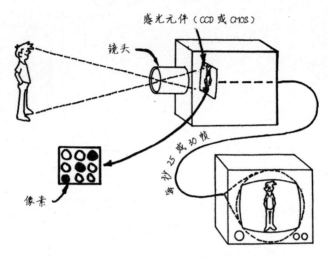

感光元件（CCD 或 CMOS）

镜头

像素

每秒 25 或 30 帧

摄影机将光的图案转化成电子图像

曝　光

　　曝光指的是经由镜头到达胶片或 CCD 传感器的光通量。镜头中心有一个使光通过的小孔，这个小孔叫作光圈。如果光圈大，通过它的光就多；光圈小，通过它的光就少。光圈大小可通过镜头外部的 f/stop 钮调节。f/stop 是用来衡量光圈大小的。

　　理解 f/stop 最简单的方式就是把它看作比值，也就是它看起来的样子。例如，f/2 表示光圈孔径与镜头长度的比值为 1∶2，f/16 表示光圈孔径与镜头长度的比值为 1∶16。

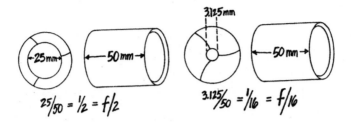

$$25/50 = \frac{1}{2} = f/2 \qquad 3.125/50 = \frac{1}{16} = f/16$$

　　这样一来就很好理解为什么在黑暗的屋子里通常会用 f/2 的设置来拍摄，目的就是尽量让所有的光都进入镜头。相反，当你在明媚的阳光下，外部环境已有足够的光线，你很有可能就会将光圈调低至 f/11 或 f/16，目的是让更少的光进入镜头。

　　既然你已经理解了上述内容，那么我要指出的是，对于大部分现代镜头尤其是变焦镜头来说，我刚刚所讲的并不完全正确。事实上，当设置为 f/2 时，光圈孔径并不是严格物理意义上镜头长度的 1/2，只是从光学意义上来说是这样的。f/2 光圈通过的光量就像是 1/2 长度的镜头通过的光量，这才是关键所在。

　　光圈可以从 f/1 调节到 f/22 甚至更小，每调节一次光圈，镜头收进的光就比前一个设置少 1/2（见下页图）。光圈可调节的范围是：f/1、f/1.4、f/2、f/2.8、f/4、f/5.6、f/8、f/11、f/16、f/22、f/32、f/45、f/64 等。当设置为 f/1.4 时，进入镜头的光是设置为 f/1 时的一半。当光圈调至 f/4 时，进入镜头的光为 f/2.8 的一半。

　　市面上许多新镜头上既标有 f/stops 字样，也标有 T/stops 字样；有些只标有 T/stops 字样。T/stops 比 f/stops 衡量更精确。

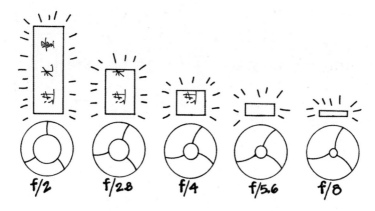

每一挡光圈设置收进的光都是前一个设置的一半

如果镜头不同，即使光圈都设置为 f/4，镜头通过的光量也不同；但如果光圈设置为 T/4，即使镜头不同，通过的光量也是一样的。T/stops 设置一定时，通过的光量始终不变。

色　温

当你在阴冷昏暗的天气外出时，看到街边窗户透着的光是否会尤其感到温暖舒适？那是因为窗中光源有着比户外更暖的颜色。

没错，光以不同色彩呈现。明火或日落放射出红色的光芒，阴云密布的天空呈黛青色，24 小时比萨店常用霓虹灯给人留下蓝绿色的诡异印象。一般来说，不同于摄影机，当你尚未意识到时，人眼就已经迅速地适应了不同颜色的光源。

彩色胶片和CCD/CMOS传感器每次只能处理单一颜色的光源并准确还原。这是通过色温处理和滤色来实现的。

标记色温是用来区分不同光源颜色的方式。色温这一概念在由英国物理学家开尔文勋爵创立出之后，便用开尔文来计量，比如：2500K就是2500开尔文。

方法如下：拿一块绝对黑体，例如煤，从绝对零度（-273°C）开始加热，随着温度升高它呈现出不同颜色的光，先是红色、蓝色，最后是蓝白色。可以说，温度决定了色彩。2000K代表着2000开尔文度下的红色光。8000K代表8000开尔文度下的蓝色光。

前文提到过，彩色胶片和CCD/CMOS传感器一次只能处理一个颜色的光源。在不同颜色的光源下拍照，颜色滤镜可将现有颜色转换为色温所需的颜色。

专业的摄像机有内置滤镜（即白平衡），你可以根据拍摄光线的色温来设置它。一般可选的有：钨丝灯－白炽灯（tungsten-incandescent，3200K）；钨丝灯与日光混合/荧光灯（mixed tungsten and daylight/fluorescent，4300K）；日光（daylight，5400K）；阴影（shade，6600K）。（严格说来，荧光灯的光谱不连续，不适于开尔文系统；不过，此时4300K的设置足以带来合适的颜色还原。）

一旦你在摄像机上选择了正确的白平衡，就可以很好地还原色彩。不同摄像机上的设置方式是不同的，有的只需简单地按下按钮。此操作确保了景物中的白色被正确还原，其他颜色也就可以被有序地识别了。

彩色电影胶片一般分两种：3200K 灯光型胶片（内景）和5400K 日光型胶片。灯光片适于钨丝灯下拍摄，日光片适于日光环境中。

当你在日光环境下使用灯光型胶片时，需在镜头前加上雷登 85 滤镜片。这枚橙色滤镜可将 5400K 的偏蓝的日光转化为3200K 的偏红的钨丝灯光。

当你在内景钨丝灯环境下使用日光型胶片，要用到雷登 80A滤镜片。这枚蓝色滤镜可将偏红的钨丝灯光转化为偏蓝的日光。而在照相泛光灯（3400K）下，则要用雷登 80B 滤镜片。

在数字摄像机上设置曝光

首先，如上文所述，设置好白平衡。

如果你的摄像机有自动曝光功能，且不能关闭，那么你需要避免取景框内出现大面积的高亮区域和过暗区域，否则会导致错误曝光。

专业摄像机有自动和手动曝光功能。手动调节曝光时，观察取景器并转动光圈，直到得到满意的画面效果。理想情况下，摄像机既能记录明亮（高光）区域的细节，也能记录暗部（阴影）区域的细节。大多数摄像机取景器可以用斑马纹标示出过度曝光的区域，而斑马纹并不会被存储下来。

　　当你面对一台新机器或是陌生机器时，建议在不同的光线条件下进行拍摄测试，并在稳定的监视器上进行回放，以检测摄像机取景器的校准功能。有时需要微调取景器的明暗，好在回放时获得最好的色彩还原。

　　被摄主体背后的强逆光会导致画面出现大面积的白，这是摄像机常遇到的主要问题。

　　如果你的取景框内包含了过多纯白色和亮白色，那么其他色彩就会变暗。有时白色会影响其他颜色。我们在取景框中可以很清晰地看到有关白色的问题，通过移动相机、拍摄主体，或者同时移动二者，又或者变更光线、景物，就可以轻松避免。

在胶片摄影机上设置曝光

▶▶| 设置 ISO

　　胶片标签上会标示出 ISO。ISO 代表国际标准化组织。ISO 数值表示胶片的速度，或者说感光能力。ISO 数值越低，胶片的感光能力就越弱，胶片就越"慢"，此时你需要更多的光才能得到可用的画面。反之，ISO 数值越高，胶片对光就越敏感，胶片就越"快"，此时光线需求就比较少了。

　　胶片速度也可以用 ASA（American Standards Association，美国标准协会）或者 EI（Exposure Index，曝光指数）表示。在

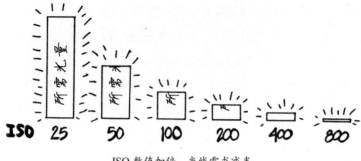

ISO 数值加倍，光线需求减半

实践中，ASA 和 EI 数值等同于 ISO 数值。

就感光敏感度而言，ISO 数值成几何倍数增加。每当 ISO 数值加倍，对光的需求量就减半。

慢速、低 ISO 值的胶片通常能拍出高质量的画面；尽管快速、高 ISO 值的胶片需要的光线少，但它拍出的画面画质较低、有颗粒感。

▶▶ 设置色温

要确保胶片色温与你正在拍摄的光线色温一致。如不一致，就得用滤镜了，日光下拍摄灯光片，需使用雷登 85；钨丝灯光下拍摄日光片，需使用雷登 80A。

记住，但凡使用了滤色镜，都会减少胶片吸收到的光量。这意味着你要让更多的光进入镜头，来弥补被滤色镜吃掉的大量的光。光需求变大，相当于降低了 ISO 数值。回顾上面的图表你就会明白我的意思：更高的光需求等于更低的 ISO 数值。为了给实拍中的"胶片 – 滤镜"组合选择准确的 ISO，应查阅胶片的出厂说明书。

▶▶│ 测光表

测光表用于测量其接收的光量。根据给定的 ISO 值和每秒帧数，测光表会给出场景最佳曝光所需的光圈值（f/stop）。

从明暗的角度来说，测光表看什么都是黑和白，它们只对物体的明暗做出反应，而对颜色无动于衷。

大部分内置测光功能的摄影机和手持测光表，必须手动设置 ISO。设置方法各异，但确保你一定要提前设好，否则测光表不知道胶片所需光量，最后会导致错误曝光。

过曝（overexposure）意味着你让过多的光线照到了胶片上——画面太亮、褪色；欠曝（underexposure）意味着照到胶片上的光线不足——画面太暗。

▶▶│ 测光表的使用

如果一台摄影机只能自动曝光而不能手动曝光，那么你能做的就是避免取景框内出现大面积的高亮和过暗区域，否则会导致错误曝光。

摄影机上的曝光表称为反射式（reflective）测光表，不管你的摄影机朝向哪里，它们都能测量物体反射到摄影机上的光。手

摄影机上的反射式测光表和手持反射式测光表都可以测量物体反射出的光

持反射式测光表的工作原理相同。

反射式测光表的工作原理是把被摄体假定为反射率18%（即"中性灰"）的灰色物体（你可以购买柯达牌的18度灰板）。不管你用它测向现实中的哪个点，它给出的光圈数都是把对方重现成18%灰色物体后的曝光值。通常情况下，这会是个令人满意的曝光值。然而对于比中灰亮一些的被摄体，你就得多开点光圈才能将被摄体重现出来；同理对于比中灰值低的被摄体，要靠收光圈减光方能正确再现。至于具体光圈量的控制，需要在实践拍摄中积累经验。

大多数拍摄工作中，测量光的最佳方法是使用手持入射式（incident）测光表（也叫照度表）。如下页图所示，入射式测光表上有一个白色半球，测量时将其放在拍摄对象前方，指向摄影机。测光表测量了落在该点上的光，并假设该主体为18%灰色时曝光所需的光圈值。它本质上跟你测量被摄体前的18%灰卡反光读数是一样的。

这几乎可以帮你为任何拍摄对象测量准确曝光值，因为一旦

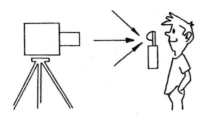

入射式测光表（照度表）测量的是落到被摄体上的光线

你把 18% 灰度正确曝光，所有其他反射率值都会到位。具有 90% 反射率的白色主体再现为 90% 的白色影像。0% 反射率的黑色物体再现为 0% 的黑色影像。50% 灰色物体再现为 50% 反射率的灰色影像。以此类推。

　　正常情况下，唯一需要调整光圈的时机是你想曝光出比实际更暗或更亮的东西时。例如，你可能需要开大点光圈，让发暗的面孔变亮并呈现更多细节；或者收小光圈，使过白的面孔变暗以正常还原肤质细节。

镜　头

　　人眼有着奇迹般的构造。它仅用一个镜头，就能摒除所有其他信息，而专注于场景的微小细节，并在下一瞬间摄取整个全景。然而摄影机却未有幸造得这么厉害。它需要许多不同的镜头轮番上阵，才能赶上人类眼睛的性能。

　　每类不同规格的摄影机各有一种被视作"标准"的镜头。这种镜头拍摄起来最接近被摄物体的再现，具有与人眼相同的视角；也就是说，物体成像看起来是相同的大小、比例和距离，如同我们根本没有透过相机看画面，而是用肉眼直接看到它们。标准镜片从水平上来看通常包括约 25 度夹角的视野区域。

　　在 16mm 电影摄影机上，标准镜头的焦距（光学测量）为 25mm。在 35mm 电影摄影机上，标准镜头的焦距则是 50mm。在带有 2/3 英寸（1 英寸 ≈ 2.5 厘米）CCD/CMOS 的摄像机上，标准镜头的焦距为 25mm。

　　回到标准镜头，如果同一摄影机规格下有其他焦段镜头画面涵盖有比标准镜头更宽广的视域，则称为广角镜头；如果是更狭小的视域，则称为长焦镜头。

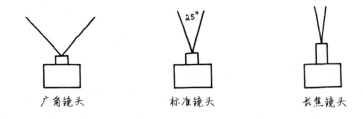

广角镜头　　　　　标准镜头　　　　　长焦镜头

　　广角镜头比标准镜头焦距要短，长焦镜头则焦距更长。如果标准镜头的焦距为 25mm，则广角镜头的焦距可能为 12mm，长焦镜头的焦距就可以是 100mm。

　　广角和长焦镜头具有特殊性，可归纳如下：

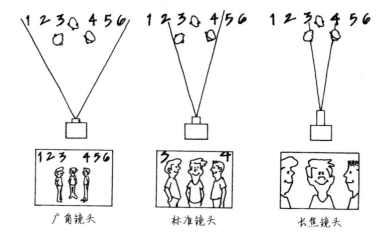

广角镜头　　　　　标准镜头　　　　　长焦镜头

* 相比标准镜头，同样距离下，广角镜头涵盖的区域更广——适用于狭窄空间，机位无法再后退的情况。

* 同样距离下，广角镜头画面中的被摄主体要比标准镜头下小。

* 夸大纵深——使被摄元素间的距离看起来比正常更远。

* 因为纵深被夸大，镜头纵深方向上的远近运动看起来比正常情况下要快。向摄影机靠近 6 英寸，看起来像移动了 18 英寸。

* 由于图像变小了，摄影机抖动不明显。适合手持拍摄。

* 相比标准镜头，同样距离下，长焦镜头涵盖的区域更小——适用于无法将摄影机靠近的远距离拍摄。

* 同样距离下，长焦镜头画面中的被摄体要比标准镜头下大。

* 压缩纵深——使被摄元素看起来比正常更近。

* 因为纵深被压缩，镜头纵深方向上的远近运动看起来比正常情况下更慢。向摄影机靠近 18 英寸，看起来像移动了 6 英寸。

* 由于图像变大了，摄影机抖动比较明显。不适合手持拍摄。

广角和长焦镜头以不同的方式表现人脸。

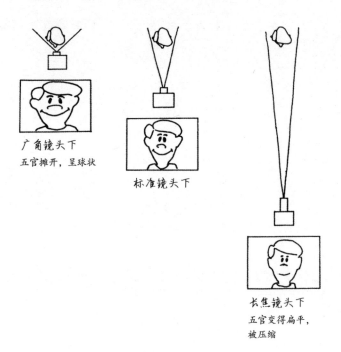

广角镜头下
五官摊开，呈球状

标准镜头下

长焦镜头下
五官变得扁平，
被压缩

更极端的广角镜头会遭受几何失真。画面边缘的垂直线和水平线变弯曲，这被称为"桶形失真"。

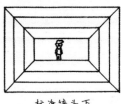

标准镜头下

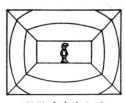

极端广角镜头下

▶▶ 焦　点

健康人的眼睛通常看到的图像是锐利清晰、不模糊的。这是因为眼球的晶状体会自动将每束光线投射到眼球后方的感光面上，形成锐利的小光点。这些锐利的小光点聚在一起共同组成了清晰的图像。

模仿人眼的自动对焦摄影机工作起来未必总能遂人愿。如果时间充裕的话，通常拍摄还是自己跟焦最好。

如果要用非拍摄镜头取景的摄影机（如旁轴、双反相机——译注）进行对焦，可以通过对拍摄对象与相机的距离进行测量或估算来确定焦距，然后按刻度拧好镜头的对焦环即可。

通过拍摄镜头取景的摄影机可以更轻松、快速、安全地进行对焦。这是因为所见即所得，并不用费功夫去估算。只需盯着取景器看并转动镜头对焦环，转到拍摄对象看起来清晰锐利即可。（如果用的是胶片摄影机，必须将镜头光圈开到最大再转。个中原理我将在下面的"景深"部分解释。）

一些摄影机的取景器上可以调焦：用一个小屈光度调节环来调整取景器中的画面焦点，以此适应每个摄影师的视力。可调屈光度的取景器对于那些视力不佳但不想戴眼镜拍摄的摄影师尤其有用。（戴眼镜使用胶片摄影机拍摄可不是个好主意，戴眼镜时并不贴合的取景器边缘会直接漏光到拍摄中的胶片上，灰雾会毁掉整个画面。）

如果你的摄影机取景器可以调焦的话，请务必根据自己的视力调整一下——否则可能永远无法看到正常图像，而且再怎么调焦也找不到画面焦点，这点毋庸置疑。

要调整取景器屈光度，应首先将摄影机对准明亮区域，如天空、白墙，再将镜头光圈开到最大，然后转动对焦环把画面焦点调到最虚。如果是胶片摄影机，则转动取景器屈光度环让取景器内磨砂玻璃对好焦——让磨砂的纹理表面尽可能清晰；如果是电视摄像机，则调节取景器屈光度环，直到取景器屏幕上的信息尽可能清晰。大概就是这样。之后，便可以放心大胆地用镜头对被摄体进行对焦了。

▶▶ 变焦镜头

很多照相机都会使用变焦镜头，这种镜头在单个镜头中结合了各种焦距。无须更换镜头便可以控制单镜头从广角变化成标准、远摄等焦段，简单的操作就可以在不同焦距间的任何位置切换。构图工作可以变得更轻松，更快捷。如果想拍一个更松（景别更大）的画面，把镜头缩放到广角；如果想拍一个更紧（景别更小）的画面，那就把长焦镜头推上去。

给变焦镜头对焦有种特殊的诀窍。首先，把镜头推到最长焦的位置完全放大拍摄对象，比如给被摄人的眼球来个特写，此时给镜头对焦。然后镜头就可以拉回来，保持到最终构图并拍摄了。只要摄影机和拍摄对象没有改变位置，那么无论你怎么变焦，拍摄对象都将保持清晰的焦点。(如果可以在胶片摄影机上使用，记得镜头光圈开到最大再进行对焦，下文的"景深"部分会解释原理。)

使用智能手机和平板电脑的摄像头进行"变焦"：常见的智能手机或平板电脑的摄像屏幕上可以使用"数码变焦"功能，但它并不是真正的变焦，只是对设备上的定焦广角镜头所产生的图像进行裁切而已。这种假变焦效果不存在任何长焦镜头的光学效果。用较少像素填充屏幕只会让你获得低画质的图像而已。

景　深

景深指的是摄影机前面这片对焦点前后看起来一切都很清晰的区域。打个比方，如果把焦点放在摄影机前 10 英尺（1 英尺 ≈ 0.3 米）处站着的人，景深则可能是 8 英尺到 14 英尺。这意味着落入该区域内的物体都处于可接受的清晰范围内，而落在该区域外的物体会因失焦而模糊掉。

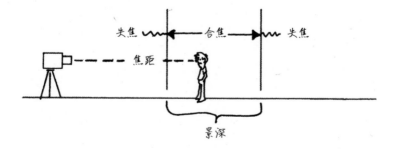

　　关于景深，有几个重要的事情需要了解。首先是：<u>随着焦距的增加，你的景深会减小。</u>*换句话说，使用长焦镜头，你的焦点区域比普通镜头要浅。这就是为什么使用变焦镜头，你可以把镜头推上长焦端以进行对焦——这样可以更容易地找到拍摄对象最清晰的位置。

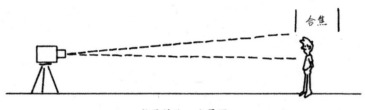

长焦镜头＝小景深

　　接下来要了解的是：<u>当焦距往广角拉开时，景深会增加。</u>*（见下页上图）使用广角镜头，合焦区域比普通镜头更深更长。这就是为什么在没时间推上去检查焦点的非常规情况下，用变焦镜头拍摄时最好保持在广角，此时凭经验估一个焦点位置，往往大概率能蒙对，而不影响画质。这个诀窍会使人抓住最好的机会，画面清晰程度刚好都能接受。

* 焦距 = 光学量度上的透镜长度，而不是透镜实际的长度

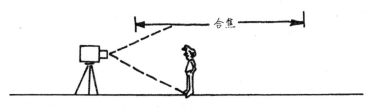

广角镜头 = 大景深

关于景深的另一件事：收小光圈时，景深会增加。在 f/16 时会得到更多的景深，而不是 f/2。光圈变小时，就像眯着眼睛看到更清晰的东西一样。这是为什么在胶片摄影机上我们将镜头打开到最大的光圈来聚焦：这样更容易看到精确的焦点。

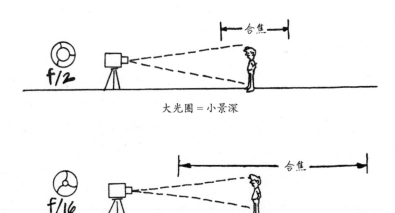

大光圈 = 小景深

小光圈 = 大景深

接下来：当拍摄对象远离摄影机时，景深会增加。物距越远，景深越大；物距越近，景深越小。

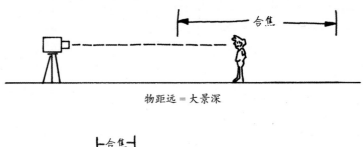

物距远 = 大景深

物距近 = 小景深

最后一点：焦点前方的景深总是比它后面的景深要小。这在25英尺或更短的距离处尤其明显。在这些近距离处，通常可以看到焦点前方大约 1/3 和焦点后方 2/3 延伸的景深。因此，如果你正在使用浅景深，并且想要最大限度地利用它，请将焦点放在你想要聚焦的区域的前 1/3 处。（见下页图）

聚焦到中间的人身上，会使前景的人失焦

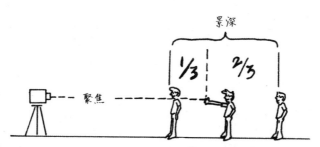

聚焦于前 1/3 处，使每个人都在景深范围内

（第 2 章）

画面构成

摄影机：选择视点的工具

摄影机是一种以特殊方式观看事物的工具。它是一个由你控制的世界之窗。观众只能看到你用取景器截取的画面内容。这种选择性是一切摄影工作的基础。

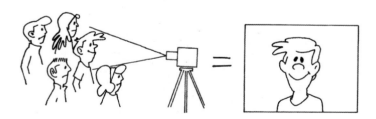

摄影机是有选择性的，你要决定给观众看什么

假设我们作为摄影师打算拍一个关于高中的节目，观众所了解的这个学校的现实状况将完全取决于你的塑造：把 A 学生框到画外，她便不复存在；给 B、C、D 学生多几个镜头，他们便会成为主角；拍摄 E 同学独自学习，便显得他是个孤独的人。通过有目的、有手段地拍摄框选，你便创作出了一个独特版本的高中印

象。这个影像有多贴近现实，则取决于你的拍摄和后期剪辑的风格。反之，如有需要，摄影亦可以打破现实感。

使用三脚架

欣赏一部优秀作品，观众不能受到外部干扰，最常见的干扰就是手抖引起的画面微微抖动。

在拍摄地震，抑或正处于骚乱中的监狱等危急情况时，晃动的画面是可以接受的。但大多数情况下，摇摇晃晃的画面对观众来说会很困扰。这让他们更难看清内容，也反复提醒着摄影机的存在，这都会毁掉观众入戏的感觉。

把场景剪辑到一起时，如果还有什么拍法，比在两个稳定的好镜头间插入一个抖个不停的建筑物镜头还让人出戏，那就一定是两个抖法不同的镜头接在了一起（如一个上下抖，一个左右抖），剪辑点处看起来就像用电锯锯过一样。

所以，要在需要的时候使用三脚架。一个好使的三脚架，配上流畅顺手的云台，可以带来稳定的画面，让摄影机得以平滑地运动，并让操作者的身体及手臂放松，不易疲劳。

上手使用三脚架不是什么技术活。通过练习，大多数人可以在不到 30 秒内调平立好三脚架。但是在空间小、运动快等条件限制（或仅仅因为没有买）而无法使用三脚架时，你仍然可以尝试类似三脚架的支撑——使用独脚架或肩托，靠在墙上、椅子上或助手身上来取得稳定效果。

　　要努力为摄影机提供至少三点支持。就拿一台端平了的新闻摄像机来说吧，得用扛机器的肩膀、握紧摄像机的手及你的头部来完成支撑。如果你还可以向内夹紧支撑机器的手肘，那就最好了。

九宫格构图法

　　九宫格，也就是三分法构图，是一个老掉牙但至今仍卓有成效的构图理论。它不能帮你达成绝佳构图，但至少不失为一个良好的入门思路。

　　方法如下，把画框的每条边都均分为三份，用辅助线横平竖直地连起来形成九宫格，线条交叉处会形成四个点，当拍摄时，把你对被摄体元素的兴趣点放在其中之一。

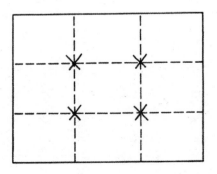

以下是使用三分法改进构图的一些示例：

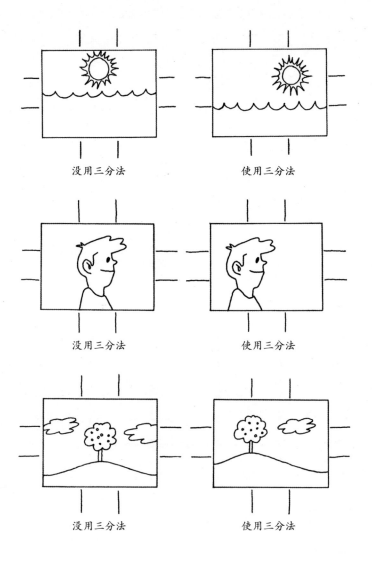

没用三分法   使用三分法

没用三分法   使用三分法

没用三分法   使用三分法

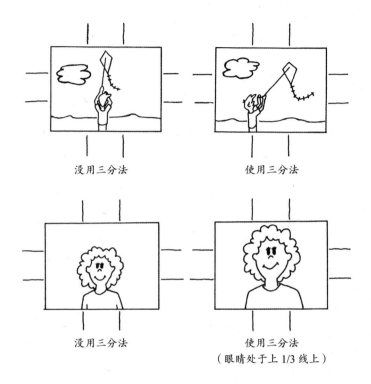

没用三分法　　　　　　　　　　　使用三分法

没用三分法　　　　　　　　　　　使用三分法
　　　　　　　　　　　　　　　　（眼睛处于上 1/3 线上）

　　在绘画、静态照片和故事片中，你会看到很多有趣且优秀的构图并不符合三分法则。但记住，那些复杂的构图需要观众花上更多的时间来理解。在观众看到你想让他们看到的信息之前，他们的眼睛会四处打量。如果你能在屏幕上为这些不寻常构图留下15秒、20秒或更长的时间，那便没问题，效果通常会非常好。但这样一来你得对这么干的后果心里特别有数才行。对于大多数纪录片和电视作品而言，三分法则绝对是一个安全的选择。

平衡：引导视线

举一个摄影师常犯的错例：构图时未能在侧向人物面前留够画面空间。

一个镜头这么拍：

这会让观众看起来很烦躁。心理上，观众会认为这个人是被盒子框住的，无路可走。稍微调整构图，像这样：

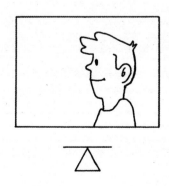

你会得到更舒适的构图。这样就将视觉上的重量构成考虑在内了。这也被称为头部空间（head room）或引导空间（lead room）。

并非只有人类具有视线，万物都有。一些例子如下：

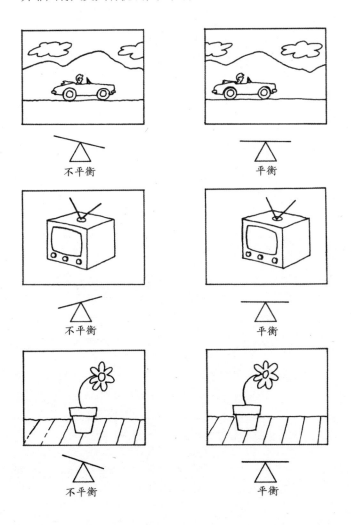

不平衡　　　　　　　　　平衡

不平衡　　　　　　　　　平衡

不平衡　　　　　　　　　平衡

体量平衡

　　有时看到这样一幅画面：其一侧有个大物体，另一侧则没什么。虽然画面看起来没那么糟糕，但总让人不舒服。这是画面里体量的失衡。这个问题不难校正，只需通过在画面内距原物体不远处摆放个较小物体即可。此时视觉杠杆发挥作用，很好地平衡了两者，像这样：

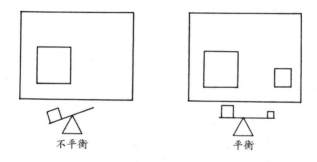

不平衡　　　　　　　　　　平衡

　　当然，把两个大小相同的被摄体分置左右可以让人觉得画面平衡，但这样的构图通常也会显得呆板、乏味，没有动感：

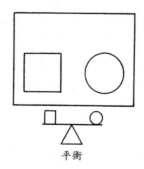

平衡

记住，在平衡构图时，事物的真实大小并不重要。取景框里的它们看起来有多大才是重点。"近大远小"，离摄影机近的物体总会显大，而离得远的则会显小。根据摄影机取景的角度，远景处的房屋可与前景中的人物相平衡：

更多例子：

色彩平衡

明亮的颜色最能吸引观众的目光，这对于理解色彩至关紧要。我们看电视上的采访常常走神，因为在这个外景拍摄的后景那里，穿红衬衫的家伙会很容易抢镜，破坏采访内容。看画面时，观众的眼睛会自然地被亮白、鲜艳的色彩吸引走。既然了解了这个规律，就要用它来服务于我们拍摄的画面。

首先，试着把希望观众最先看到的区域安排到画面最亮的位置。参照下图示例，把人物凸显得引人注目：

效果不佳
墙面比人物更显眼

效果改进
人物更显眼

当画面中包含明亮的物体或区域时，切记它的亮度会使构图中的重量增加——这种重量是需要平衡的，可以使用另一个明亮区域来平衡，或者用更大的物体。

不平衡

虽然花朵和花盆的体量平衡，但花朵的亮度将构图的重心拉向左边。

平衡

上页下图中花盆的亮度与花朵的亮度相平衡。

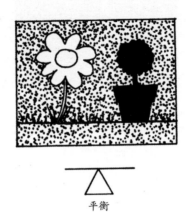

平衡

上图通过增大了画框的右侧花盆体量来平衡花朵的亮度。

角　度

现实的空间有三个物理维度：高度、宽度和深度。而影像画面中只有两个维度：高度和宽度。为了给出深度的幻觉，我们要以某个角度展示事物，这样至少可以看到两个面。

平视　　　　　　　　　　　有角度

平视　　　　　　　　　　　有角度

　　由摄影机和被摄主体之间的高度差而产生的角度会给观众带来具体鲜明的印象：

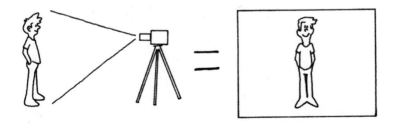

　　上页下图中，当摄影机和被摄主体处于相同高度时，给观看者带来和被摄主体价值相当的感觉。

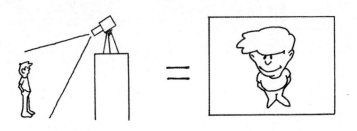

　　当摄影机高于被摄主体时，会感觉对被摄主体的评估较差，对方渺小、不是很重要。

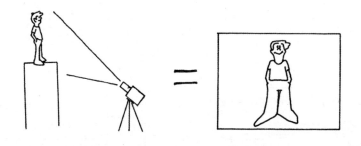

　　当摄影机低于被摄主体时，会体现被摄主体的优越性，使其显得更大更重要。

　　通过升高或降低摄影机拍摄角度，可以巧妙地影响观众对被摄主体的感知方式。这个技巧有着很强的表现力，常用于恐怖电影和宣传片的拍摄中。

框式构图

拍摄时，通常可以通过使用一些拍摄场景中的元素，在画内形成完整或部分的"框"，来增强画面中的趣味。

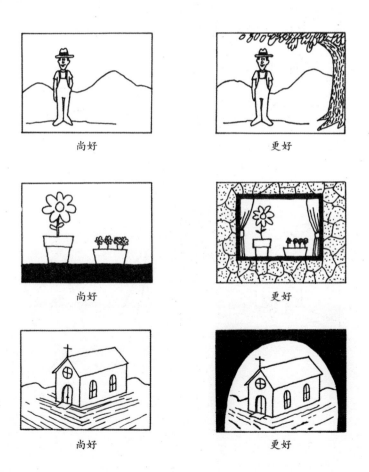

尚好　　　　　　　　　　更好

尚好　　　　　　　　　　更好

尚好　　　　　　　　　　更好

这种构图用的框架也可用于隐藏或遮挡不需要的元素。例如，砍来一些树枝放在摄影机前景附近，可以用来掩盖不太好看的天空或背景中的广告牌。

不太好

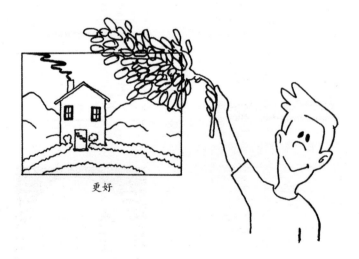

更好

引导线

使用引导线把观众的视线引导到被摄主体，是个好方法。

以下有些实例：

不太好

更好

篱笆的线条引导向人

不太好

从这个角度来看，小路的线条
偏离了房子

更好

从这个角度来看，小路的线条
引导向房子

不太好

线条偏离了桌子上的花朵

更好

所有的线条引导向桌子上的花朵

后　景

　　最好的后景是待在该待地方的那种本分的背景。不幸的是，有些类型的后景就会往前跳，直接抢了前景主体的戏。一起来了解一下常见的抢戏后景和避免方法：

常见问题：从人的头上长出来的门框、窗框、树木、柱子等。

解决方案：移开摄影机，或同时移动摄影机和被摄主体。

常见问题：视觉上看后景过于繁复，以至于主体被埋没在后景与之近似的满满的细节、颜色中。

解决方案 1：移开摄影机，或同时移动摄影机和被摄主体。

解决方案 2：向后移动摄影机，让被摄主体离得足够远，以便可以使用远摄焦距。这样景深更加浅，使后景虚焦，同时突出了清晰的被摄主体。

常见问题：后景人群干扰性的动作。

解决方案：单独或同时移开摄影机、被摄主体。还有一种快速排除后景干扰的方法是缩短与被摄主体的距离并降低机位进行仰拍（见下页上图）：

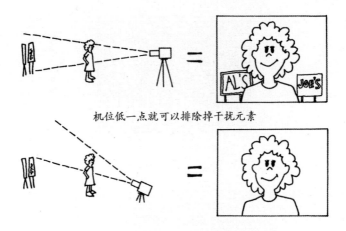

机位低一点就可以排除掉干扰元素

另一种方法是将主体或另一个被摄对象遮挡在干扰元素前面。

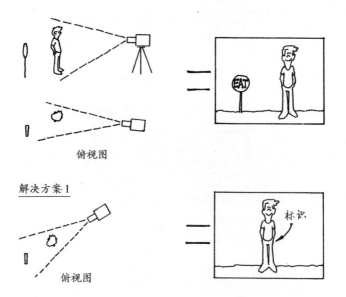

俯视图

解决方案1

俯视图

解决方案 2

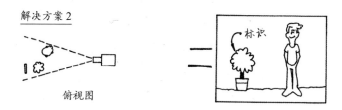

俯视图

还可以把绿植放在摄影机和标识之间进行遮挡。

寻找好构图

　　摄影师都会犯一个常见的错误，就是到达一个拍摄地，在第一个看起来很漂亮的空间中设置摄影机，并从那里开始拍。这样做无非是自欺欺人。

　　去把摄影机支好是必须的。但紧接着就要赶紧四下走走。走路时要忙不迭地踮脚、蹲下、侧身找位置。找准取景框、后景、颜色和平衡的最佳角度。整个操作可能需要不到一分钟，这点时间花得非常值。如果画面不容易想象的话，要随身携带相机来预览，以便寻找角度。

　　切记，不必接受场景乍一看的样子。如果有几分钟的时间，我们大可以重新排列家具，去掉抢戏的杂乱元素，添加些有趣的，尽一切可能来改善构图。

　　观察，不间断地、尽可能苛刻地观察。人眼倾向于忽略不重要的细节，但摄影机则会忠实记录所有内容。回想一下你度假时拍的荒野日落的"完美"镜头，事后才发现构图被破坏，原因是当时有些电话线横穿了画面。只有你学会了在拍摄之前看到这些电线，然后才可以自称是个合格摄影师呢。

第 3 章

基本镜头段落

基本镜头段落的作用

　　看看这个镜头。想象一下成年男子正在和男孩说话。比如他说了30秒。看着画面同时数数，1、2、3，依次数到30。

　　普通人数数恐怕不等数到10，视线就开始飘了。现在来看下面的镜头段落组合。在每一幅上停留，数到5再看下一幅。

观感好受多了对吧，这说明了什么呢？

以上实验证明，同等条件下，用 30 秒观看 6 幅不同的图像比只盯着一张图像更让人舒适。这就是基本镜头段落背后的原理：把单个场景内一段长长的叙事，裁切成几个较短的镜头。这会使得观众觉得故事更有趣，更令创作者有机会在后期剪辑时按需改变故事的长短和重点。

来逐个回顾一下刚才实验用的基本镜头段落，看看它好在哪里。

全景镜头（wide shot）或交代镜头（establishing shot，也译作关系镜头、定位镜头）是大景别镜头——大到能给观众交代清楚要表现的对象即可。在这个特定例子中，观众看到图中的男子和男孩，以及大环境——能确定他们是在户外旷野中。

全景

记住，全景镜头不必展现一切，只要别遗漏了重要信息。一座山的全景会是一片风景，而一个写字的人的全景则只需出现人和电脑就足够了，其余办公室、桌子等如何如何那都不重要。拍一只蚂蚁的全景只需交代几厘米见方那么大的环境足矣。

中景

特写

中景镜头（medium shot）、特写镜头（close-up）与全景镜头一样，皆根据被摄主体特征、视点不断变化。

从本质上讲，特写是景别中最"紧"的，是离被摄主体最近的。如上页图所示，拿拍一个人来说，特写通常是一个完整的头像。中景介于全景和特写之间。

切出镜头

切出镜头（cutaway）是一个可让你轻松更改分镜节奏、顺序的镜头。这是摄影师经常忘记拍的镜头，后期剪辑则经常需要这些镜头。

在男子与男孩对话的场景分镜中，假设男子讲的 30 秒换成 2 分钟，其中讲的 1 分半内容很无聊，这时在后期剪辑时，可以让男子说完前 15 秒，然后镜头切出到男孩倾听的反应，删去那些无聊的话，最后切回男子的最后 15 秒。这样就可以规避掉以下现象：

我们得到了这样的镜头：

　　镜头 1 和 6 之间的声音断点在男孩反应的切出镜头的掩盖下就不那么明显了。

　　最常见的切出镜头是电视采访中的记者画面。无论如何，哪怕视觉上没关联，只要与主体的主要动作有关的任何画面都可以拿来当切出镜头用。这就是切出镜头的伟大意义：当你切出到这种镜头时，没必要非得从前面的主镜头中寻找匹配的剪辑点来衔接。

例如，玩具匠人干活的镜头段落，可以通过切出到架子上已完工的玩具，来缩短时间或重新排序。玩具匠人的脸部特写亦可作为手中做玩具特写的切出镜头。

如果观察足够仔细，你拍的一切镜头段落都能找到切出镜头来拍。在运动员接受采访时，他的照片和奖杯都可以用来拍切出镜头。如果一个女人只是坐着和摄影机说话，特写她膝上的手可以是一个切出镜头，一个远景或后背角度也可以是一个切出镜头。

切出镜头可以用来改善故事的叙事。如果一个人在讲述他如何赢得一场汽车比赛，可以切出到一段赛车比赛的镜头，同时让画外音继续讲述。如果受访者提到了一个在她的职业生涯中帮过她的人，你可以切出到那个人的镜头。

基本镜头段落的拍摄

记好拍摄基本镜头段落时的重点诀窍：尽可能地让每个新镜头都要改变景别和角度。这不仅仅是要让叙事变得有趣。这种拍法会使得后期在镜头之间来回切换的剪辑变得更加容易。下面这张俯视图展示了拍摄男子与孩子交谈的机位：

基本镜头段落的机位设计

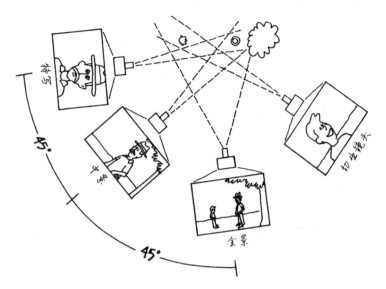

　　注意此处，在全景、中景和特写之间，我将摄影机角度改变了至少 45 度。在每次拍摄时，这个变量都是必不可少的。

　　显而易见的是，景别大小和机位角度的变化会产生更有趣的镜头段落。而潜在的作用是，这样会让镜头与镜头间的过渡更顺畅、更易于实现。除了极少数例外，大多数非棚内拍摄都是用单机来完成的。这意味着被摄主体须在拍中景和特写镜头时重复表演。演员并不总能完全记牢并重复动作，所以很可能最终得从一个主角看前方的全景切到一个略低头的中景（见下页上图）。

如果改变了景别大小而没有改变摄影机角度，切镜头时就会看到画面中男子头部猛抖了一下。这被称为跳切。

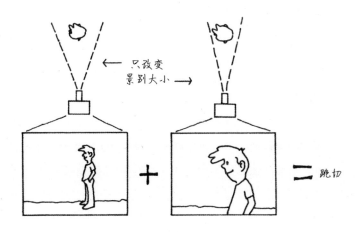

　　但如果剪辑时能同时改变景别和机位角度的话，就流畅多了。画面和角度同时变化会改变观众的视角，足以让他们忽略掉头部位置的轻微差异。

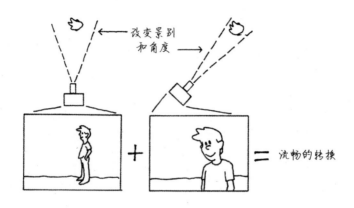

　　常规实践中，景别大小与机位角度的切换还可以掩盖比这还夸张得多的不协调。

　　存在一种特殊情况：当被摄对象直接与镜头对话，需更改到另一个角度的机位时，务必让被摄对象同时将身体转向另一个机位。否则，突然变化的后景会让观众很困惑。如果能选的话，在后期剪辑中可以剪掉转身的动作。新闻主播们每晚都会在本地新闻报道时这么做，他们会转身并向另一台摄影机说："在当地的现场……"

在动作中剪辑

把人物动作当作剪辑点是一个让镜头衔接变得顺畅平滑的好方法。屏幕上的动态会自然地吸引住观众的视线。如果一个动作从上一镜开始，在下一镜结束，那么其间观众视线就会自然地跟着动作走，且倾向于忽视掉其他画面元素。

比如在原来的基本镜头段落中，我们用全景拍摄了男子脱帽的全过程，然后调好了中景机位，令他开始重复表演摘帽子的动作。

全景

中景

接着在后期剪辑中，在这个动作进行中完成剪辑，让他在全景镜头中开始摘帽子，并在中景中完成这个动作。这样把观众毫不费力地带入下一个镜头，流畅得让人来不及反应。

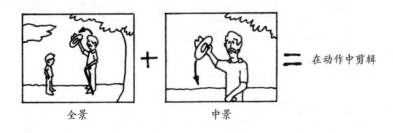

全景   中景

　　有很多常见情况可以方便地在动作中剪辑。例如：人物打开车门、下车、坐下、站起来、伸手取物、走路、跑步、跳跃——几乎任何一种动作。要记住的重要一点是，上一镜的最后一个动作必须在下一镜的开始时有所重叠。所以必须拍两次相同的动作。这称为动作重叠（overlapping action）。

干净入画 / 干净出画

　　拍摄好出画和入画对后期剪辑的作用非常大，简直堪比拥有海量不同的切出镜头。它会给叙事提供极大的灵活性。比方说，拍摄一台复杂设备控件的演示。用来始终不停机全程记录的主镜头看起来是这样：

　　当操作员在演示不同的旋钮时，他会接触并转动它们。完成主镜头后，让机器靠近一些来拍旋钮特写。你要确保每次开机时

画面上皆仅有旋钮，然后让操作员的手进来（干净入画），旋转旋钮，然后再把手移出去（干净出画），再一次让画面中仅有旋钮。

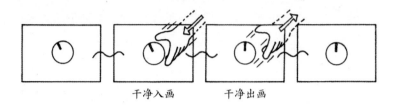

干净入画　　　干净出画

那么这样拍有什么用呢？首先，如果剪辑时把画面切到旋钮，等一下然后让手进画，这样就可以不必为这只手在全景切特写时的位置衔接而操心，因为当切到特写镜头时，手还没有在画面中。

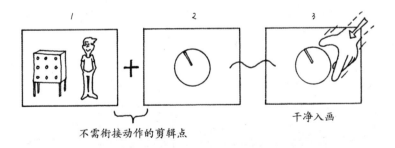

不需衔接动作的剪辑点　　　　干净入画

其次，假设拍完了发现成片有时间限制只能演示最重要的控件，而不得不删去一些中间步骤怎么办？很简单，只需要在删减部分前的最后一个旋钮特写让手出画，停顿片刻，然后切到全景镜头，连接到重要控件部分的画面。由于是在没有手的旋钮特写中切出来的，所以演示后回到全景镜头时，就不需要衔接动作了。

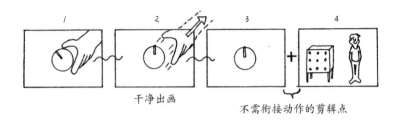

干净出画

不需衔接动作的剪辑点

　　思考一下就会发现，通过利用手的干净出画、干净入画，可以有很多方式重组这个场景的叙事。

　　再举一个例子：假设有个全景的上一镜拍的是一辆行驶中的汽车，需剪接的下一镜仍是同一辆车但背景不同。如果直接硬切的话，背景会显得很跳。解决方法是让汽车在上一镜镜头中干净出画，稍等之后切换到具有不同背景的下一镜镜头，这样就奏效了。由于一两秒钟没看到车，观众在逻辑上就能接受它是转场到另一个地方拍出的另一个镜头了。

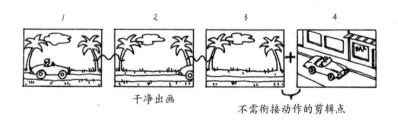

干净出画

不需衔接动作的剪辑点

　　抑或可以通过切到没有车的下一镜来完成同样的事，稍作停顿，然后让汽车干净入画（见下页上图）。

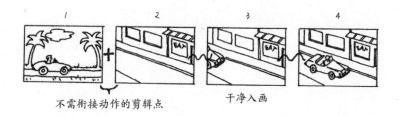

不需衔接动作的剪辑点　　　　　　　　干净入画

　　干净入画和干净出画对于人物快速转场很有帮助。假设下面是一个男孩回家、上楼、进房间的镜头段落。不需要一直跟拍他，只要让他走进家门（干净出画），停顿一下，然后再切入他进房间即可（干净入画）。

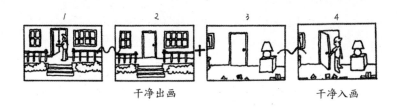

干净出画　　　　　　　　　　　　干净入画

　　干净出画／干净入画几乎可以用于任何类型的拍摄，其中只要某人或某物从一个地方移动到另一个地方，拾取东西、放下东西、敲击、拉动、选择，等等。每当有任何东西穿过画面，特别是在特写镜头时，给它一个出画或入画，或兼有两者，都算帮了自己一个大忙。这会让后期在剪辑时始终拥有超大自由度。

有关基本镜头段落的最后交代

只有业余爱好者和某些天才会花心思去规划每一次镜头剪切时的协调匹配。你对景别变化、机位角度、插入切出镜头、动作重叠拍摄，以及干净入画 / 干净出画等技巧运用得越多，分镜设计得越是流畅，最终效果就越好。

记住，任何平面摄影师都可以拍摄出一堆漂亮的镜头，但只有真正的影视摄影师才能拍摄出镜头段落。

第 4 章

轴 线

屏幕方向和"越轴"拍摄

屏幕方向指的是我们透过摄影机看到的人或物面朝的方向。

常有这样的看电视经验：两个人交谈时，画面方向突然改变，看起来像是一个人对着另一个人后脑勺在说话，这叫作掉转屏幕方向。摄影师通过"越轴"（crossing the line）来实现这个操作。

人物交流线也称为动作轴线，简称轴线。不管如何命名，它都是一条想象出来的线，这条线决定观众透过摄影机看到的人和物体面对的方向。当你越轴时，尽管只是移动了摄影机，但你却将透过摄影机看到的一切东西的屏幕方向都颠倒了。

回到男子与男孩交流的分镜，这条线是男子和男孩的轴线，如下所示：

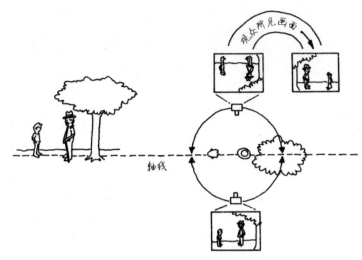

越轴掉转了屏幕方向

　　只要摄影机停留在轴线的特定面，男子的视线就会朝向画左，男孩的视线则朝向画右。如果摄影机越过这条线去了对面拍摄，他们的视线则会立刻掉转，朝着相反方向了，尽管主角们什么也没做。只要摄影机留在轴线的一侧来拍，不论哪一侧都不会有什么问题，但不要来回跳跃。

　　摄影机在轴线的一侧拍摄了全景镜头，如下所示：

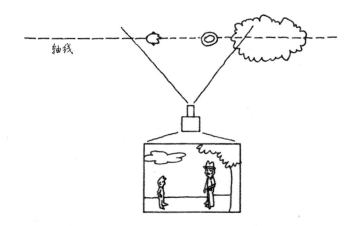

　　然后，出于种种原因，摄影机又越轴拍摄了男孩的切出镜头，如下：

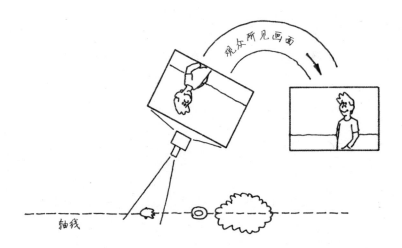

把这俩镜头剪到一起，如下：

结果会让观众觉得男孩是完全转过身了，背对着男子！

再举个例子，一个在用电脑工作的人。来看看越轴拍摄会发生什么：

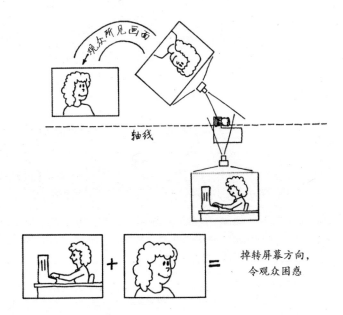

看起来，她的整个脑袋扭转了方向！

　　某些情况下无论主观意愿如何，拍摄都必须越轴。也许是被摄主体遮挡掉了需要进一步详细展示的细节，也许仅仅是摄影上越轴后的镜头看来更美观，也许是被摄主体的动作无法被搬演设定或提前预判。无论如何，不要害怕。总有一些方法可以越轴，又不会让观众困扰。

　　最简单的方法是当拍摄对象在画面内改变方向时，让摄影机保持不动。这条轴线实际上穿过了摄影机。例如，一辆赛车的转向掉头，或者是一个人的运动，他从他右边的朋友转到左边的朋友。只要在摄影机前进行掉转屏幕方向的动作，观众就不会产生混淆。

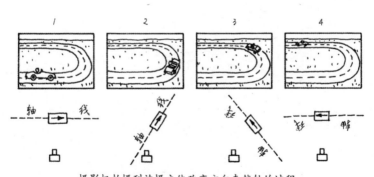

摄影机拍摄到被摄主体改变方向来越轴的过程

　　另一种方法是用不间断的摄影机运动来越轴。在不受控制的情况下，有时候这是唯一能做的。比如有个赛车技工正在修车，

他来回移动，导致有时摄影机看不到他的动作。如果要拍摄的话，
摄影机能做的就是不间断拍摄并来回走动，跟拍捕捉画面：

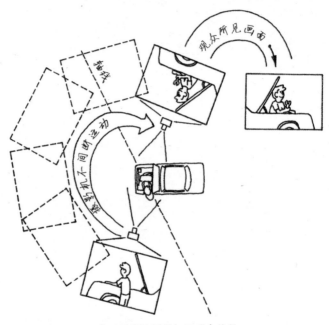

在不间断的摄影机运动中越轴

在电视广告和故事片中常常看到这样的镜头：通常是把摄影
机放在有轮子的小车平台上完成的。低预算制作可以使用轮椅甚
至滑板来模拟小车的这种移动。

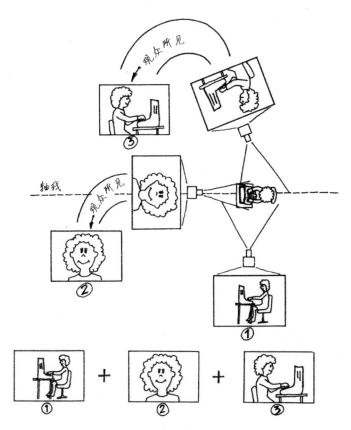

在轴线上中性拍摄（无屏幕方向）

你在实践中迟早会遇到的情况：当剧组快拍完一组段落镜头时，发现之前拍过的镜头已经反复越轴了，此时必须予以补救才算完成当日任务。这时我最喜欢的越轴的方法就可以派上用场了。它基于一个简单原理：骑在轴线上，就能越轴。即在剪辑操作中，插入一个没有屏幕方向的中性镜头，或者叫"骑轴"镜头，不同屏幕方向的越轴镜头便可以流畅过渡了。至少有一个中性镜头用作过渡，越轴镜头就可以衔接上了。（见上页图）

你会惊讶于可以从一两个好的中性镜头中获得多少好处。

有一种中性镜头，未必人人都能想到，这就是视点镜头（POV，the point-of-view shot），也叫主观镜头。在这组女人敲电脑的镜头中，从人的视点出发，计算机屏幕就是一个POV镜头。

轴线上的视点镜头（无屏幕方向）

用视点镜头来越轴

通常，即使被摄的主角离开了拍摄现场，也不影响我们"伪造"一个视点镜头。就拿这样一个不带手的关系的计算机屏幕特写镜头来说，有何必要非拉上那个主角？或者，即便画面中需要带手的关系，仍然可以让手相似的别人来顶替。

还有另外两种不完美但聊胜于无的越轴方式：

第一个是你有一个清晰的参考点来给观众些许定位感。在很多老电影中，你会看到一大群人从登船梯爬上船，其次是一个越轴的中景。此处给观众视觉参考以便越轴的依据是登船梯。

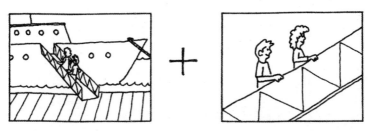

用视觉参考来越轴

其他常作为越轴视觉参考的有：斑马线、道路、走廊、桌子、汽车、船只——任何能在两个镜头里皆易被明确识别方向的东西。请记住：这种情况下的越轴不会完美到哪里去，但它总比没有好。

还有一种不完美的掉转屏幕方向的方法，在动作剪辑时越轴。这里的依据是，在动作中剪辑的连续感会掩护掉转屏幕方向的心理不适。（见下页图）

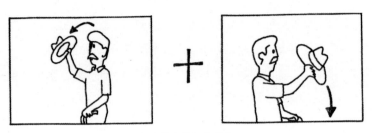

在动作中剪辑来越轴

再说一遍，它并不完美。但在紧要关头，它总比没有好。

利用屏幕方向解决拍摄问题

正如之前所讲到的，屏幕方向是通过摄影机观察到的人或物面对的方向。它由行动轴线决定。当越轴拍摄时屏幕方向会反转，即使除了摄影机什么都没动。由此可得出推论：只要不越轴，只要保持相同的屏幕方向，人、物和摄影机可以移动到任何想要的位置（俗称"借位置"——译注）。这个思路可以帮助解决许多拍摄时遇到的问题。

假设我们来拍一位知名博物学家的采访。他将谈论的话题是大自然的奇观，那么采访时取景他站在户外自然环境中看起来则是最合适的。但出于时间和预算的原因，拍摄必须在他的郊区房子的后院进行了。在对后院进行快速勘察后，发现两个最佳位置可供选择：

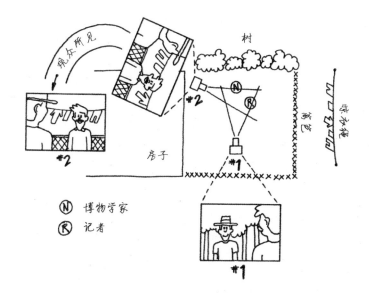

从位置 #1 开始，你可以越过记者的肩膀来拍摄全景及博物学家的中景和特写镜头，背景都是茂密的绿树。目前为止效果还能接受。但是，当转向位置 #2，为记者拍摄反打镜头时，背景就变成了丑陋的篱笆和邻居家的晾衣绳。这完全不是你想要的郁郁葱葱的自然环境。

如何解决？拍完了位置＃1的博物学家的所有镜头后，逆时针转动采访人、受访人两者的位置，让记者的背景变成绿树，记者仍面向画左。

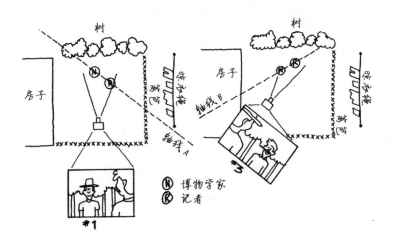

看，并没有越轴。只是把被摄主体从一个位置转移到另一个位置，只要保持摄影机在轴线的同一侧并保持相同的屏幕方向，就可以将轴线移到想要的任何地方。事实上，在紧要关头甚至可以在没有博物学家的情况下拍摄记者的特写，哪怕换个地点和时间都行！

相得益彰的背景，利于采访内容的表现

　　哦，你也许会说，这样不行吧，因为记者背后确实有篱笆，而不是树木。好吧，也许摄影师确实知道，但观众肯定不知道。他们所知道的只是他们在屏幕上看到的内容。屏幕上的地理与真实的地理无关。观众只了解镜头所表现的内容，其他的都不存在。一旦理解了这一点，就可以创造奇迹了。

　　不必总搞得像这个例子这么极端。有时，只需将被摄主体移动一两米或旋转几度，就可以获得更好的拍摄效果。记住，只要能保持相同的屏幕方向，内容都匹配，就无须担心别的。可以让被摄者靠近窗户，以便拍到更好光感的特写镜头，或者是换不同的房间拍以获得更好的背景。有一次在时间很紧急的情况下，我没花时间移动机位，只移动了被摄主体，愣是拍了五个不同的角度！总之，这是行之有效的好方法。

（第 5 章）

摄影机的运动

摄影机的运动主要是变焦（zoom）、横摇（pan）、纵摇（tilt）及其组合。

　　一般来说，变焦推镜头（zoom-in，从全景镜头到特写镜头）将我们的注意力引向画面正在放大的任何东西。因此，如果要推镜头，试着去把镜头推到有趣或重要的内容上。

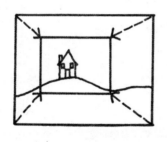

变焦推镜头引导注意力

　　变焦拉镜头（zoom-out，从特写镜头到全景镜头）通常会显示周围新的信息。它常常用来表明我们所处的位置。

　　例如，你可以从一个讨论花朵的男子脸部特写开始，变焦拉镜头到能显示出他被所有花儿包围，如下图所示：

变焦拉镜头揭示新的信息

横摇（水平摇）、纵摇（垂直摇）也揭示新的信息。

横摇、纵摇揭示新的信息

　　横摇时需注意以下问题：如果摇得太快，画面上的垂直线条（比如栅栏、门框等）将会发生画面残影和频闪。摇得慢一点可以缓解这种状况。

　　有种高效的抓住观众视线的拍法：抓拍一个被摄主体周边"路过"的事物——它可以是汽车、行人等，以此为动作引导，摇摄而成一个长镜头来表现主体。比如，摇拍一个前景有行人走过的建筑物全景，总比没人走过而干摇到某座建筑物的镜头要有趣吧？

让画面动起来

摄影机运动的第一个规则是：<u>让每一个动作的起始和结束都落在一个构图稳定的静态画面上</u>。在观众看来，从固定画面突然切到正运动的画面会相当令人分心。此外，如果从运动镜头切到固定画面有时却能让人接受，比如想要制造出一种兴奋和动感；也可以在固定镜头和运动镜头之间做叠化处理，纯视觉地将一个场景过渡到另一个，往往效果很好。但为何有这样的限制？后期剪辑时你就会得到答案了：如果要拍运动镜头，请务必开机时保持一两拍的稳定，然后放松开始移动，继续移动，然后缓和动势，并在结尾再保持一两拍的稳定。这样后期编辑时，素材会很好用。

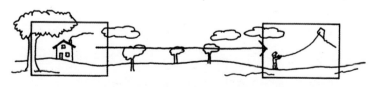

让每一个动作的起始和结束都落在一个构图稳定的静态画面上

摄影机运动的另一个规则是：<u>在拍摄的身体姿态上，摄影师要遵循运动时从不舒服到舒服的规律</u>。在全景的水平弧线中摇摄时，这点尤其重要。有没有见过这样的摄影师：当他摇摄抓拍过往的车辆，自己身体的姿势会慢慢扭成一个颤抖的椒盐脆饼干。开始拍摄时，他的肌肉放松，然后逐渐扭得越来越紧张、不自然。为了尽可能顺利地拍摄，摄影师做的应该恰恰相反：落幅位置应该令人感到放松和舒适，再把姿势扭转到起幅位置。这样一来，移动拍摄时，肌肉将会放松、伸展，顺利回到自然位置，从不舒服到稳定、顺畅、自然。不仅仅摇摄，任何动作都应如此。

运动时要从不舒服到舒服

摄影师，特别是初学者，有一种拍摄习惯是不断地移动摄影机——变焦推拉、向上下左右花式摇。我猜他们如果只是拿着摄影机不动，就会觉得对不住挣的这份钱。这就错了。摄影机移动应该是有目的的。它应在某种程度上有助于观众了解他们所看到的内容。如果没有，那么移动会让人分心，并加重摄影机的存在感。

　　摄影机移动会限制后期的剪辑。如果表达某一主题的唯一镜头是变焦的，并且变焦要持续 15 秒，但此时只有 5 秒钟的有效叙事时间，那么这就成了个麻烦。要么把整条镜头留下，让沉默的观众熬过这 10 秒钟烦闷，要么留下 5 秒钟视觉上颇不和谐的变焦片段。安全的做法是拍一遍运动镜头，然后用几个固定镜头把内容再重拍一遍。后期剪辑这些镜头时，就会自由和愉悦多了。

　　最后一点提示。我发现，当拍摄中要做变焦与摇摄的复合运动时，摇摄若比变焦早上那么一瞬，画面会显得更流畅。我不知道其原理，但事实确实如此。

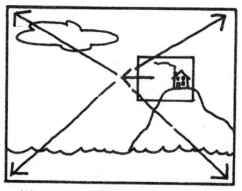

在复合运动中，摇摄应比变焦稍早那么一瞬

第 6 章

一组蒙太奇镜头

一组蒙太奇镜头是指一系列可以用来重塑时空、渲染情感、整合信息的镜头组合，镜头之间有逻辑关联。比如一系列关于高速路牌、自然美景、商业产品等内容的镜头都可以分别组成蒙太奇。大多数电视广告都是蒙太奇镜头。

　　好的蒙太奇镜头，通常每个单个镜头的拍法都要与前一镜拉开明显的差异；不然若给人留下"切入了一组同一事物的相似镜头"的观感，就很糟糕了。

　　就拿一组公司雇员的蒙太奇镜头来说，如果不管拍谁都用一模一样的构图，剪起来看就会像无聊地观赏突兀的变脸一般。但是如果尽量采用不同角度和景别来拍摄他们，效果就会好得多了。

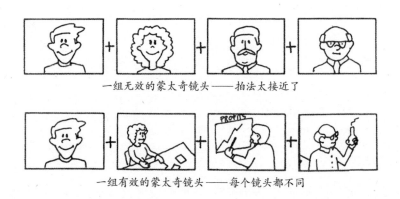

一组无效的蒙太奇镜头——拍法太接近了

一组有效的蒙太奇镜头——每个镜头都不同

若要拍一组好看的路标蒙太奇镜头，有种简单的拍法是以不同角度纵摇。不知为何，大家都叫它"Dutch Tilt"。

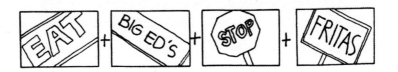

第 7 章

照 明 布 光

外景用光

　　最强、最常见的光源是太阳，但对于影视制作与视频拍摄而言，它有一个很大的缺点：太阳是移动着的。它每天在东西地平线间的苍穹上划出一道弧线。这意味着阳光落在我们的被摄主体上的角度也在不断变化着。早上或傍晚时分，当太阳在不高于地平线45度时，射出好看的人像光。而太阳升到更高位置时，如中午时分，顶光角度会让人脸显出丑陋的阴影：眼窝变暗，鼻子、颧骨和下巴下面会出现胡须状的小阴影。

不高于地平线45度的阳光
会使人物看起来很棒

正午阳光则会从头顶
投下丑陋的阴影

　　大多数外景镜头是在被摄主体面朝太阳时拍摄的，光线直接照亮了人物。但有时候不可行或不合意。常见原因有位置不合适、阳光刺眼，或者仅仅是被摄者在逆光中很上镜。这都会促使摄影师最终使用逆光或侧光来拍摄。这两种光会在被摄者脸上留下浓厚的阴影。

逆光与侧光会在被摄者脸上留下浓厚阴影

　　逆光和侧光投射留下的阴影可以通过反光板（reflector）和辅光灯（fill light，也称补光灯）这两种方式补光提亮。

　　反光板可以是能反射光的任何东西。通常是用银漆或铝箔覆盖的板子。也可以是白色的海报板、白色的墙壁或一块帆布。反光板能将阳光反射到需要它的阴影区域。（见下页图）

反光板将阳光补到需要它的阴影区域

任何灯具，只要可以发出色温为 5400K 日光色的光，都可以用作外景的辅光灯。灯具自带 5400K 的灯泡，或带有 3200K 的钨丝灯泡，并在灯前加上分色滤光片或蓝色明胶片（色纸），用以把色温由 3200K 转换为 5400K。

使用辅光灯代替反光板的一个缺点是需要供电，不管电力是来自电池、便携式发电机还是延长电线。另一个缺点是，为了匹配外景太阳的巨大亮度，要么必须将补光灯放在非常靠近物体的地方，要么就得使用非常强大的补光灯，这需要大量的电力。

反光板直接依赖于太阳；而辅光灯不同，其优点是不直接依赖于太阳。辅光灯可以放在任何想要的角度，以获得最佳的照明效果，并最大限度地提高主体的舒适度。辅光灯在完全背光的情况下特别有用，而在这种情况下，反光板可能将炫光照射到被拍摄对象的眼睛中，导致穿帮。

不必在意太阳，辅光灯可以将阴影区域提亮

　　辅光灯是照亮正午阳光投射出的阴影的最佳方式。在阴天，直接照射在拍摄对象上的光可以代替缺少的太阳，并为你的影片提供所需的亮度和对比度。

内景用光

　　卤钨灯又称为石英灯泡，是传统常用的内景光源。有三种基本种类的灯具，石英聚光灯（focusing quartz light）、散光灯（broad）与柔光灯（softlight）。（这些灯具出现了越来越多的新版本：采用 LED 即发光二极管、荧光灯或镝灯等冷光源，更加节能高效且安全便捷。从原理上来说，用这些灯的布光技术并无变化，只是光源上 LED 和荧光灯通常没有石英灯和镝灯灯泡那么亮而已。）

　　石英聚光灯是舞台聚光灯的影视行业版。它是最常用的多功能灯。通过操作控制杆，可以控制其发光强度和模式。模式是可以从"聚光"到"泛光"区间调节的。在"聚光"模式下，会得

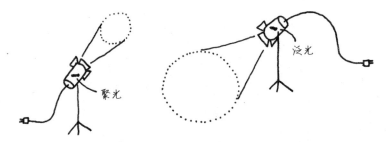

石英聚光灯：从"聚光"到"泛光"的照明范围

到一个小而聚拢的光区。在"泛光"模式下，会得到一个晕散开、不锐利的光区。

　　石英聚光灯在使用时有个注意事项：别指望在每次布光时都能获得平滑、均匀的光线。即使在全泛光模式下，也可能有一两个高光点。当要做一些重要的布光之前，最好把要用的每盏灯都照在墙壁或地板上做做测试，把"聚光"到"泛光"的调节范围都用上一遍，注意查看每次调试后的灯光形态。

　　即使在"泛光"模式下，石英灯也会发出锐利的直射光。这种光会造成边缘锐利的投影，效果总是不尽人意，尤其是在人像拍摄中。为了让光线漫射开，以产生柔和的、更迷人的阴影，摄影师可以做两件事：（1）在灯前放置漫射材料，如玻璃纤维；（2）将光线打到能反光的材质上反弹回来，比如用白色墙壁或天花板反光，甚至可以把太空毯（银色薄膜覆盖的反光布）贴到天花板上。两种方法都能有效柔化光线，但也减少了到达被摄体的光量。（见下页上图）

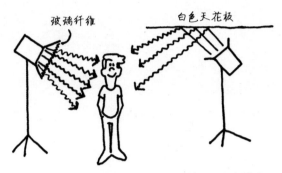

石英灯可以通过透射灯前的漫射材料或用反光材质
进行反射来柔化光质

　　散光灯不能把光线聚焦，旨在为大面积区域提供宽广的均匀
照明。灯上没有微调控制杆。操作时能做的就是打开开关并指向
某个位置。同石英聚光灯一样，散光灯硬质、直射的光线可以通
过漫射材料或反射的方式来进行柔化。

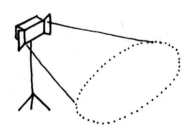

散光灯照射出一片均匀的光区

　　柔光灯是种便携的固定式反射灯。灯具像个弯曲的勺子，其
内部是白色或银色。一个散光灯安装在面向勺子的位置，光线从

柔光灯是种便携的固定式反射灯

内部的曲面弹回，投向被摄对象。

柔光灯相对于用其他灯反光的优点是方便——可以在任何地方使用它，不需要找到墙壁或天花板打反射光来控制——它更容易将光准确地投射到你想要的位置。但是，它也确实占用了更多空间。

大多数灯具，无论是聚光灯、散光灯还是柔光灯，都配有遮扉。它们看上去是些黑色的可折叠扇页，用于遮挡掉不需要的光，调整、塑形灯具照射出的光区，是非常有用的附件。

遮扉给灯照出的光区塑形

基本布光法

经典的基本布光法如下：

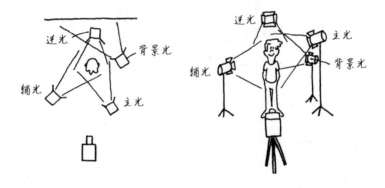

首先，将主光（有些人称之为主灯）放在摄影机的一侧，与被摄主体岔开约 45 度角。这是主要灯光，是布光时设置其余部分的基础。

除非有充分的理由，否则画面中的任何区域都不应比主光所照亮的区域更亮。观众的眼睛总是首先被吸引到画面中最亮的区域。如果背景喧宾夺主，布光看起来就会很怪，观众会分心，这是常识。

在相对被摄体的主光相反的另一方向设置辅光。辅光应足够明亮以降低主光造成的阴影。被摄体脸上的阴影可给人一种深度感，辅光的作用是调整阴影的浓淡。（完全没影子的打光通常称为平光，深度感往往很弱。）

只有主光 = 阴影很重　　　　　　主光＋辅光
　　　　　　　　　　　　　= 阴影刚好满足所需深度感

接下来，设置逆光。这是从后面向演员头、肩部打过来的光线，形成一个高光光边，在视觉上将人与背景区分开。当演员的头发或衣服的颜色与背景相似时，逆光尤其有用。

逆光将演员与背景区分开

最后一项也同样重要，布置背景光。这使背景及场景其余部分处于协调的光线氛围中，画面也更加有深度感。一般来说，背景比主要区域暗一点是较为理想的做法。

好吧，此处我们学会了给一个人布光。但如果遇上两三个或更多人呢？如果他们四处走动又该怎么办？此时，就要将基本布光法做一个乘法：为每个重要区域放置一个主光，然后开展后续工作，场景变得复杂了，但如果一步一步来，一样会做得很好。

我们通常可以使用同一个主光照亮多个演员；或者一个演员的主光衰减了，就用作另一个演员的辅光。一个散光灯可以为好几个人打上逆光。

为了避免墙壁上出现多个不自然的阴影，应保持在高处打灯，让演员远离墙壁。记住，深色墙壁上的阴影不如浅色墙壁明显。所以，有时候改变置景可以解决照明问题。此外，胶片及电影摄影机所展现的暗部细节，要多于电视摄像机。所以用后者拍摄时，需在暗部区域多打些光。

在过去的几年里，包括我在内的很多摄影师已经开始用反射光照亮整个场景。这不是戏剧性布光，但它快速而有效，并且在很多情况下看起来很自然。

打好影视摄影的光，本身就是一门艺术。别拿基本布光法当信仰。就像构图里的三分法一样，它是最基本的，既不出彩也不减分。

刚上手接活时的布光工作不好做，我能提供的最好建议是：保持好思路条理，慢点来。一次开一盏灯，观察它的效果。如果在某一步感到困惑，就关上所有灯再依次打开，这样你就可以看到它们分别的作用，重新获得控制权。

第 8 章

声 音

震动物体引发球形声波

我们说话的声音是由肺部产生的空气经过脖子时振动声带而产生的。无论是人声，还是森林里大树倒地的声音，每一种声音皆由振动的物体产生。当一个物体振动时，它会在周围的空气包围中来回移动，产生向外动的波浪，很像在池塘里摆动手指撩起的水波。主要区别在于，水波主要在池塘表面水平向外传播，而声波在各个方向上向外传播，并且是球形的。

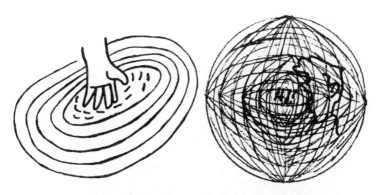

水波水平地传播，声波从音源向外球形般发散传播

人体耳膜是薄膜，当声波到达时，这个叫鼓膜的薄膜就会振动。这些振动转化为神经冲动并被发送到大脑，在那里它们被转化为我们"听到"的声音。

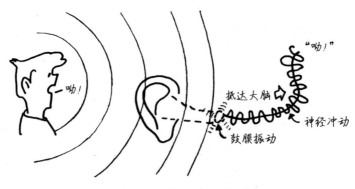

我们"听到"了声波的振动

麦克风模仿了人类的耳朵。每个麦克风都有一个"耳膜"，称为振膜，当被声波击中时会振动。然后，振动被转换成可以广播或记录的电信号。扩音器是反向工作的麦克风：电子信号振动隔膜以产生声波。（见下页上图）

人耳和麦克风可以通过声波的拥挤程度及它们的大小来分辨出一种声音。波的拥挤程度称为声音的频率（frequency）；大小称为振幅（amplitude），我们将其视为响度。

声音的频率是以每秒发生的完整波数或周期数来衡量的。由于"每秒周期数"字样在所有语言中都不相同，因此决定用赫兹

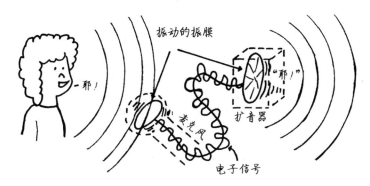

麦克风和扩音器模仿了人类的耳朵

表示频率，缩写为 Hz（以证实电磁波存在的德国物理学家命名）。60 Hz 意味着每秒 60 个周期或声波。

　　频率也就是每秒的波数或周期，这个数越高，声音就越尖锐。声音的频率越低，声音就越低沉。大多数人的声音以 80Hz 至 10 000Hz 之间的频率振动，主要发生在 200Hz 至 2 700Hz 之间。普通人可以听到 20Hz 至 20 000Hz 之间的声音。

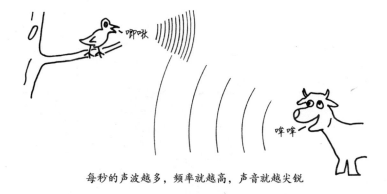

每秒的声波越多，频率就越高，声音就越尖锐

　　声波的大小也就是振幅，是由产生它的能量强度决定的。和池塘水波一样，如果用力地拍打水，就会产生更大的波浪；所以，如果人大声叫喊，会发出比细声低语更大的声波。我们的耳朵将声波的振幅视为响度。

　　声音的强度或响度以分贝为单位，缩写为 dB。大多数音频设备使用 VU（音量单位）表来表示声音信号的强度，以 dB 为单位。VU 表上的 0 dB 设置为科学确定的声级——接近普通人听不到的 10 Hz 音的位置。每增加 3 dB 表示声音强度加倍。因此，6 dB 是 3 dB 的两倍，而 9 dB 是 3 dB 的四倍。

麦克风

　　影视或视频制作通常使用两种基本类型的麦克风：动态麦克风和驻极体电容式麦克风。两者都有隔膜或膜，当被声波击中时会振动。然后两者都将振动转换为电信号。

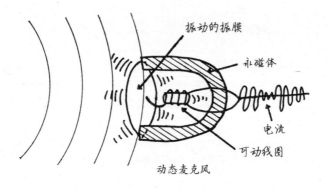

在动态麦克风中，振动膜片将线圈移动到永磁体内，产生电流。电流根据移动振膜的声波的强度和频率而变化。动态麦克风非常坚固，可以产生出色的声音。它们有时被称为动圈式麦克风。

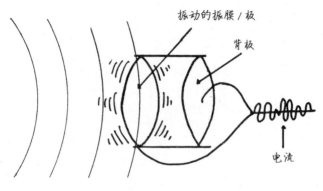

驻极体电容式麦克风

驻极体电容式麦克风的振膜实际上是一个电容器或电容器的一个板。两个隔膜／板之间有电荷。当振膜振动成声波，改变两个板之间的距离时，会产生微小的电流，并根据声波而变化。电池供电以将信号放大到可用电平。

与动态麦克风不同，驻极体电容式麦克风不包含重型永磁体，因此可以做得非常小且轻便。它们可以产生出色的声音。然而，它们确实需要电池，电池会因损耗而作废。所以要带上备用电池。

▶▶◁ 麦克风的拾音指向性

麦克风的拾音指向性是指对输入声波最敏感的区域。有两种基本类型的拾音指向性——全向性和方向性。

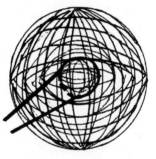

全向拾音模式

全向麦克风从各个方向均匀地拾取声音。这是最常见的拾音指向性，看起来像一个麦克风位于中心的球体。

两种最常见的方向拾音指向性是心形（cardioid）和超心形（supercardioid，或称"枪式"）。

心形拾音指向性

"cardioid" 来自希腊语，意思是"心形"。心形拾音器图案看起来像一颗心，尖端指示最敏感的区域，直接在麦克风前面。

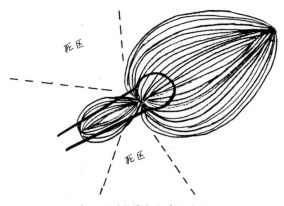

超心形（枪式）拾音指向性

超心形麦克风也称为枪式麦克风，灵敏度区域非常窄。为了获得正确的声音，你必须像使枪那样用麦克风直接瞄准。

为消除或减少不必要的声音干扰一个方向性麦克风，要让麦克风倾斜，使死区（dead zone，也就是不灵敏区域）指向不需要的声音。举个例子，如上图所示，略微向上倾斜超心形，将死区指向地板，消除该方向的反射声音。

▶▶ 麦克风的类型

影视与视频制作使用三种常见类型的麦克风。尺寸从小到大，分别是领夹式麦克风、手持式麦克风和枪式麦克风。

　　领夹式麦克风（lavalier）是一种小型驻极体电容式麦克风，通常采用全向拾音指向性设计（还有些是心形拾音指向性）。用于佩戴在讲话者的胸部，可以用绳子挂，也可以用夹子固定。放置得非常接近声源——讲话者的嘴，这样会提供很强的信号。

　　在演讲者的领带或衬衫下隐藏领夹式麦克风会带来两个问题：一是，任何擦过或靠近麦克风的衣服布料的摩擦声都会被录下来，所以要用胶带把麦克风固定到位，避免把它藏在蚕丝等容易发出噪声的材料后面；二是，麦克风上覆盖的任何东西都会阻挡掉一些声波的传入，因此使用多孔、松散编织的材料，比如羊毛或棉花，可以让大部分声音通过。

　　请注意，如果领夹式麦克风从胸前松脱了，它会夸大原声的高频，使其听上去趋于尖锐刺耳。当胸前佩戴领夹式麦克风时，其默认即补偿了声音高频，这是颏下录制语音所必需的。

　　手持式麦克风（hand mike）为业内最通用也是最常用的。它可以是动态麦克风，也可以是驻极体电容式麦克风；可以是全向拾音指向性，也可以是心形拾音指向性。

　　使用支架，它还可以用作桌面、平台的麦克风。

　　上述讨论的超心形（supercardioid）或枪式麦克风（shotgun mike）得名于其拾音指向性。这种麦克风相当了不起，可用于在远程、现场不受控制的情况下拾音，比如电视新闻报道。而在可控的条件下也颇有威力，比如戏剧性作品制作中需要举杆录制的情形。（见下页上图）

通用手持式麦克风用途最为广泛

　　枪式麦克风有着巨大优势——它的超强方向性，这也是它最大的劣势。它仅在窄长的圆锥体指向区中拾取声音，并且接受该圆锥体内主体前后的所有声音。枪式麦克风可以拾取街对面人行道站着的那一名男子的声音，但也会把前景经过的车噪、后景行人的叽叽喳喳声一并收入。

　　在响应低于 250Hz 或 300Hz 的较低频率时，枪式麦克风的拾音模式基本上是心形的。这意味着它会收集大量的交通噪声、机器隆隆声及其他类似的声音。大多数枪式麦克风都有一个低音

枪式麦克风会拾取指向区域的一切声音

截止开关来滤除这些频率。

枪式麦克风对声音的回声，也就是混响非常敏感。如果你在一个"现场"房间——一个有很多回声的房间——使用枪式麦克风话筒，只会使问题恶化。

▶▶ 麦克风的选择

选择麦克风时，首先应考虑希望受众听到什么样的声音，然后选择最适合当下环境的设备。

录谈话时，想录得清晰最好是使用领夹式麦克风；可与此同时，藏起来的话筒又会带来衣服的沙沙作响声、含混不清的声音等副作用。同时对几个人进行拾音，也使这项工作变得复杂。当使用多个话筒时，试着每次只打开一个。

对于与政客的"临时起意式"的步行街访谈，一个全向手持麦克风最适合。不因为其本身音质有多好，而是因为这种特定环境下，其他方式几乎均不可行。用全向手持麦克风几乎不可能录不到有用的东西。

对于常常在状况外抓拍的纪录片拍摄，枪式麦克风是首选的麦克风。有了它，可以在任何距离（从几厘米到无限远）记录到人耳可闻的声音。拾音可能无法保证次次完美，但至少能用。

枪式麦克风挂在话筒杆上，可以用于为排练、戏剧调度场面、位置可控的群戏拾音。话筒杆是种像鱼竿一样可伸缩的话筒支架，常由话筒员臂举。枪式麦克风的拾音指向很窄，绝对有必要瞄准着使用。

　　如果在所有情况下只能带一个麦克风，应选择带有心形拾音指向性的动态手持麦克风。动态的比较耐用。心形拾音指向性有选择性但有一定容错率，可以稍微偏离声源目标但仍然覆盖声源。它可以作为手持式麦克风、桌面式麦克风使用，还可以用于举杆录制。

▶▶| 智能手机和平板电脑麦克风

　　智能手机和平板电脑上的内置麦克风通常是具有全向拾音指向性的驻极体麦克风。其设计主要是为了很好地记录近距离的人声。要获得更好、更受控制的拾音效果，还是应该使用外置式的常规麦克风。

声波反弹

　　球形的声波从音源向四处直接传播。当它们撞上坚硬、无孔的材质表面时，便会像水波撞击游泳池边那样反弹回来。

　　基于声波可以反弹的原理，我们就可以为麦克风挡住或弹回不需要的声音。最典型的例子是将主体的身体挡在不需要的声音和麦克风之间。其他物体，比如反光板，也可以起到同样的作用。

　　我们把由许多面向不同方向的微小表面构成的整体表面称为多孔表面。当声波撞击多孔的材质面时便会来回反弹，变得越来

你可以为麦克风挡掉不需要的声响

越小，就像池塘波浪流入一片芦苇丛一样。话筒防风罩上使用的泡沫橡胶和厚绒便是多孔材质的好例子。完全消除声波的极其多孔的表面具有吸音性。结构丰富的多孔材质可以非常有效地消除声音，称为吸声材料。

任何封闭空间（如房间）的声音会来回多次反射，随着其反射的衰减而逐渐变小、变安静。被反射的声波的总效果称为混响（reverberation）。如果一个房间是消声室（dead room），声音会很快地衰减消失，因没有混响而显得沉闷呆板。而过度混响的房间又会产生大量原声的重复回响。在设计精良的音响工作室中，声音可以具有良好的混响，可以平稳快速地衰减。

一个消声的死气沉沉的房间，可以通过增加坚硬表面、塑料屏幕、玻璃片等物体并移除多孔材料（如软垫家具）而重获生机。如果你确实很难移除房间里的多孔材料，可以用光滑的塑料布盖住。

过度的混响或回声，可以通过在房间内置入多样化材质的物体来解决，比如错落有致的家具、盒子、人。坚硬的材质表面可以用多孔材料覆盖，比如地板上铺放地毯。

录制干净的声音

一般的规则下，我们建议，要录制清晰、丰富的声音，应使用单独的录音机。要尽可能干净地录制声音，尽可能录到最丰富的频率范围。

要抵挡住录制时过滤或修改声音频率响应的诱惑。在后期可以随时剪切频率，但若前期没录到，是无论如何没法加回来的。当然有一个例外：枪式麦克风上的低音截止滤波器可消除交通噪声和其他低频噪声。

如果可能，无论何时何地，录制任何个人线路，都应尽力使用相同麦克风或相同类型麦克风。切换麦克风类型导致的音质差异可能很大，观众会因此分心。

正如好的监视器对于判断图像非常重要，一对具有宽频率响应的隔音耳机对于判断声音也非常重要。耳机应隔绝外界，让人专注于正在录制的内容。

在决定一个镜头如何取景时，不仅要考虑视觉元素，还要考虑声音。有时摄影机角度的微小变化，可以大大减少风噪或环境噪声。移动道具或家具，可以使话筒更接近演员。修改演员走过的路径，可以让话筒员更易于下杆。

单独音效

每当场景中出现明显的声音效果时，例如汽车启动、门撞击、后景的机器运行，应花费几秒钟来单独录制相应声音上的特写，此时无需摄影机。这些效果称为单独音效（wild effects），与画面同时录制的同期音效（sync effects）不同，单独音效可以替代低质或混乱的同期音效。它们还为画面增添了深度和连续性；当添加适当的声音效果和背景噪声时，无关的工人们的镜头，便会和正片配合起来，变得可用。

特写的单独音效效果卓越，可以为片子增添质感。而且由于这些声音干净且可单独控制，后期混音也就灵活得多。与画面一样，如果安排了单独音效，不管是语音还是视频的形式，都算给自己和后期帮了个大忙。

拍摄时，你可以在画框外做很多事情来提高声音质量。把地毯放在地板上。挂毯子以减少声音混响。多找点帮手米当人体防风墙。如果后景和屏幕方向匹配，还可以借点位置，将演员移动至更安静的区域。

在专业的影视灯光旁边录音时，要避免让麦克风线靠近与之平行的灯线，因为这会在音轨上产生嗡嗡的噪声。如果必须在灯线上走录音线，应将其交叉放置；更好的做法是搭在用箱子或椅凳做成的桥上。

录制人声和背景声

同期声（syncsound）是与摄影机同步录制的声音，例如一个人在镜头中讲话。画外音（voice-over）是覆于画面上但画面不展示声源的叙事声音。当对同一个人既要进行同期收音又要录制画外音时，尽量使用同一个麦克风在同一地点录制所有声音，只有这样，最后节目里的声音才是统一连贯的。如果同期声音是在一个吵闹的地点录制的，那么画外音就选在该地附近稍稍安静一些的地方同时进行录制。

如果在拍摄完成后补录画外音，尽量选在一天里的同一时段进行录制。人声在一天中会发生变化，同样的声音上午录制和下午录制听起来就像是两个人。

背景声（presence 或 ambience）是在某处收取的没有单一突兀声音的混合声音。例如，工厂背景声就是站在流水生产线中听到的不同声音的混合，孤寂的海滩背景声就是风声、海浪声和鸟叫声的组合。

在录制对话的过程中，背景声就是话与话之间停顿时的背景声音。当在特定地点录制完最后一段对话场景时，由音频场记板（audio slate）引导，让现场所有人保持不动，录音机使用同一设置，再录 30 秒的背景声。这个背景声在后期混音中可以派上很多用场。

首先，当从一个位置切换到另一位置，或者从同步音切换到画外音时，背景声作为音频间的桥梁可以使过渡更加平滑。比如在一个片段前淡入背景声，再在片段结束时淡出背景声，这可以消除背景声突然改变或消除带来的突兀。

此外，背景声可以填满叙述过程中的停顿。我们可能认为在录音棚里录音非常安静，但当叙述者的停顿时间拉长到几秒并且停顿处于无声状态时，你就会注意到这个停顿的存在。我们通常需要用录音室的背景声来填补停顿时的空缺。如果某处非常嘈杂吵闹，就更需要用该处的背景声填满声轨上的空白。

另外，录制背景声有助于清理音轨。例如，人声轨道中掺杂嗡嗡的空调声是一个常见问题。在连续循环播放空调背景声时，均衡（提高或降低所选频率）音轨，直到找到空调频率，然后降低或消除它们。紧接着通过相同的均衡器设置去处理人声轨道，从而过滤掉空调噪声。（有时空调和人声共享一个频率，你必须重新加回这段频率才能使人声听起来自然。）

声音场记板和声音日志

如果使用单独的录音机录制双系统声音，就用场记板记录下所录制的一切内容。声音场记板（voice-slate）记录下对声音的描述；没有它，就必须去猜测音频上有什么。对于同期收音来说，当传统场记板合上时（咔的一声），既起到了声音场记板的功效（"第一场，第一条！"），又能使音频和视频同步。

　　坚持记录声音日志，按照录制顺序再听一遍所有录制内容，这有助于在后期剪辑时快速找到素材。拍摄单系统视频时，根据后期制作需要，既可以合并声音日志和摄影日志，也可以单独记录声音日志。

　　与摄影日志一样，声音日志内的信息可多可少，取决于个人需要。建议至少包含场景、拍摄码、使用的麦克风、录音机、位置、时间码（如果适用）及对录音的描述。圈选出或者用其他方式标记出其中比较好的镜头。

记住你的观众

　　在决定要录制的声音以及录制方式时，谨记节目的目的是让观众做出反应。如果想给观众传达对被拍摄行业的积极情绪，那就在安静的地方录制人物讲话；如果想让观众感到不舒服，那就记录工人透过喧闹的流水线喊叫的声音。如果想要用积极的方式展示流水线，请在画外音的伴随下用低混的声音展示它；或者考虑为流水线工人后期配音。同样，如果想让办公室显得更嘈杂混乱，可以通过在混音中添加额外的背景电话声、拉抽屉的声音和人声。

我能给你的最好的录音建议

分别录制人声、音效和环境音，并保证声音干净，这将为你在后期混音中提供最大的灵活性。

（第9章）

即刻开拍

筹备计划与分镜拍法

做拍摄计划时，首先要做的，是弄清自己要拍的东西到底是什么样的。想讲什么样的故事？谁将成为受众？期望观众有何反应？事物的主次如何安排，哪些应着重强调或一笔带过？看景和跟合作者沟通时，一定要做到心中有数。

接下来制订一个拍摄计划，即便只是仓促打个腹稿都行，决定每个镜头在拍摄时的摄影机位、演员走位。相对较短的段落，最保险的方法是通过全景把整件事拍一遍，然后用中景、特写镜头再各拍一遍，最后再拍些切出镜头。这种方法可能会在片场多花些工夫，在设备和胶片、存储卡等介质上有些浪费，但这样确保了安全，在后期剪辑时会游刃有余得多。这可能是我们拍摄人生中最初几个片子的最佳方式。

下功夫厘清了自己的拍片诉求之后，就可以尝试对拍摄方案进行选择：例行全景拍一遍整件事后，只针对特定部分进行中景、特写和切出镜头的拍摄。这个阶段，就得考虑用上场记板（slate）了。

无论用的是一块破纸片，还是花里胡哨的塑料板，场记板都只是个标识。当后期剪辑需要把各式各样的镜头拼在一起，就需要一些方法来传递镜头信息。这时候场记板就派上用场了。正确的用法如下：在场记板上写上此场景的文字描述和数字编号，待摄影师开机后迅速在镜头前亮出来一两秒，再躲开。

场记板是个好东西。人会忘事，但场记板永远不会忘。不管到了什么时候，但凡你对剪辑师有一丝丝怀疑，认为他可能不了解这场戏的位置和内容，那就拿上场记板吧，它可以为之提供必要信息。就算你亲自操刀后期剪辑，拍摄时也应该用场记板。首先，这是一个好的行为准则。它会强制令你思考这些镜头碎片将如何组合。其次，用上场记板就能瞬间解除困惑，鬼才愿意把一半的后期时间都花在探索一场戏的位置和去向上。此外，如果对同场戏的各条拍摄进行编号记录的话，剪辑师可以直接选用场记标记的最优效果的那条素材，而不需浪费时间逐条查看。对于更复杂的拍摄，要考虑使用更详细的场景记录，可以拍照片并增加逐场逐条的描述。

拍摄脚本和故事板

通常编写拍摄脚本（shooting script）是很有用的。这只是一个列表，列出了计划拍摄的内容及拍摄方式。例如：

画面	声音
1. 全景 推销员站在车旁	推销员：乡亲们好啊，我带来了关于新款祖特流氓车的消息！
2. 中景 镜头随推销员移动而摇到车窗上的价格标签	那叫一个神车，我告诉你！什么？多少钱？我敢打包票，便宜那是必须的！看看这个价签！
3. 特写 价格标签	25000 个大子儿，而且是落地价！购置税、车牌、经销准备金全包！
4. 全景 推销员站在车旁	所以赶紧来啊，今儿就买一台吧，成吗？成交！

　　如果做个故事板出来，就可以把要讲的故事更好地视觉化了。故事板是一套展现镜头制作计划的草图，画成火柴人都没问题。画故事板的过程就好比一次免费的拍摄练习，并不会消耗任何胶片或存储空间！例如：

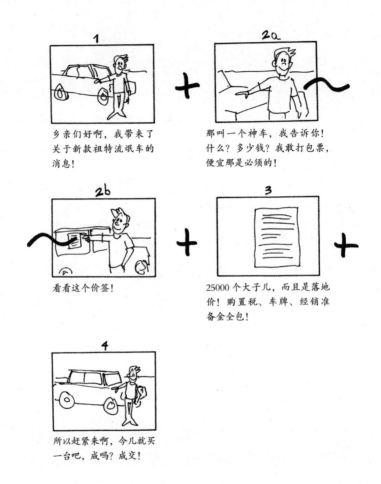

不按故事顺序拍摄

对于某些段落，尤其是涉及大量光照变化的拍摄，最好的做法是打乱故事顺序进行拍摄。

　　比如说，一个段落，只有前 30 秒和最后 15 秒是全景镜头。正确做法是，支好全景镜头的机位，在不动机位的前提下，把前 30 秒戏拍了，关机，然后跳到最后 15 秒的戏再度开机。

　　通过这种方式，可以一次性拍完所在机位的所有戏份。之后就可以挪动周围的一切，包括灯光、麦克风，来拍摄接下来的镜头。也不必担心最后还要复位所有东西拍全景，因为已经拍摄完啦!

　　再举另一个例子。假设你有段由 4 个分镜头组成的镜头组。摄影机位置 A 可以拍摄 1 号镜和 3 号镜，而 2 号镜和 4 号镜在摄影机位置 B 的取景器中看起来甚佳。如果拍摄条件可控，这样的做法比较好：应在位置 A 拍摄完 1 号镜和 3 号镜，然后移动到位置 B 拍摄 2 号镜和 4 号镜。这样的话，现场只需切换一次机位。相比之下，按自然顺序拍摄场景，则需将机位移动三次：从 1 号镜的机位 A 到 2 号镜的机位 B，再到 3 号镜的机位 A，最后到 4 号镜的机位 B。

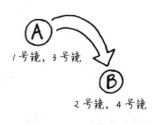

只移动一次机位的乱序拍摄

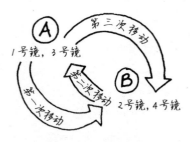

移动三次机位的顺序拍摄

　　在环境允许的情况下，通过乱序拍摄分镜可以节省大量的时间和精力。只要记住，做好计划，不要忘记你的场记板和拍摄日志！

沟　通

　　每个人都有自己的工作理念。我想在此安利一下我的理念。

　　我相信沟通。我试图让每个人——从我的助理到镜头前即将出现的每个人——都知道我们接下来要做什么。在开拍之前，我会讨论拍摄计划，寻求建议，并让每个人都通过取景器观察现场。我试着让所有人都明白大伙同在一个团队中，享受工作的乐趣。绝大多数时候都是这样。

　　当然我也明白，为了让拍摄顺利进行，必须得有人负起责来——这个人是我。但鉴于大伙都清楚了工作的内容和目的，我通常可以是一个仁慈的独裁者。

在不可控的局面下工作

　　迟早我们会在不可控的局面下工作。新闻摄影师每天都会这样做。但即便在此情况下，你仍可以用上本书中学到的东西。

　　你总是可以努力争取尽量漂亮的构图。可以通过有规律地更改摄影机角度和景别大小来组建起基本镜头段落，并尽一切可能抓拍切出镜头——即使方法老得掉牙，即拍另一个摄影师的特写；保持好屏幕方向不越轴——如果真要越轴，记得拍摄中性镜头做过渡；让拍摄对象干净利落地出画入画。不可控的局面并不耽误拍摄精彩的镜头——只不过需要我们费劲折腾多拍点嘛！

　　在不可控的局面下拍摄，这样的工作可能很有趣且令人兴奋，尤其是当工作结束时，尽管历尽周折，但我们知道自己仍然拍到了好镜头。

第 10 章

封镜之后 —— 后期剪辑

人眼可以是剪辑师

通过聚焦感兴趣的内容，眼睛会自动"剪辑"。想象一下在汽车驾驶室中：首先，面前是中全景的公路映入眼帘，再"切"到速度仪表盘，接着瞥一眼右边乘客的中景，紧接着一个"变焦"，推向扑面而来的道路警示牌。明白了吧。人们是按照基本镜头段落的方式观察事物的。

人眼视角在 25 度左右：

人眼作为基本镜头有大约 25 度宽的视角。这相当于在传统 35mm 胶片摄影机或全画幅数码相机上用 50mm 标准镜头的视角。通过侧向和周边余光，我们可以感知 25 度范围外的动态，虽然不能看清那里有什么。

下面是一个演示剪辑原理的实验：找一个有多个视觉兴趣点的房间——里面放着各种东西。在朋友大声朗读以下部分内容的同时，让他尽可能地离你远一些。你的脸要朝向他，并完全按规则来执行以下实验。

实验开始——让同伴朗读以下的内容：

"向前直视，尝试尽可能多地看到我和这个房间。这是一个全景镜头；注意，当改变视觉重点时，头部保持不动，然后给我来一个腰以上的中景镜头，最后是个脸部特写镜头。

"当我慢慢向右走时，画面拉回到更松的景别。现在保持头不动，眼睛转向房间的其他位置来一个切出镜头；这些都可以很轻松地做到。

"当我说'开始'时，快速转动整个脑袋看向左边，然后盯住那里的东西。开始！

"当我说'开始'时，再迅速将头转向右边，注意看看右边有什么。开始！

"每当你快速转头时，应该会感受到片刻视觉模糊以及认知停歇，这是因为大脑正快速浏览并理解消化刚接收到的视觉信息。

快速的图像变化使大脑要奋力跟上节奏。

"当我说'开始'时，缓慢地将头转向左边，看看左边有什么。开始!

"当我说'开始'时，再缓慢地将头转向右边，看看右边有什么。开始!

"当缓慢移动头部时，大脑有时间去消化和理解这些被逐渐引入的视觉信息。当最后完全转向侧面时，图像就会完整地呈现在脑海里。

"当我说'开始'时，用双手盖住你的耳朵，慢慢数到三；然后移开你的双手。开始!

"现在闭上眼，在不睁眼的情况下把头转向右侧。向下看。现在尽力以最快的速度开合双眼。你看到了什么？现在可以一直睁着眼了。是不是可以看到些之前没看到的东西？

"最后的实验：现在盯着你手腕上的手表。现在，保持头不动，迅速地上下移动手腕并尝试看清它的商标。现在保持手表静止，然后看看时间。"

实验结束

这就是剪辑的本质。在实验中，你的朋友控制了你所看到和听到的内容。他"剪辑"了你的现实。作为影视剪辑师，你就可以"剪辑"观众的现实了——通过控制好这个片子的视听感受，观众在其中如同坐井观天。对声音画面的选取决定了信息的传播方式，也决定了观众对其的反应。实验中展示的就是剪辑的基本原则。

为了确保清晰无误地传达信息，要使用关系（定位）镜头向观众展示当前场景中的一切，避免造成任何精神压力，更不能让观众受到惊吓。要有具体理由才使用运动镜头，否则理应保持画面稳定静止。回想下刚刚的实验，我们在不转动脑袋的情况下将注意力集中到朋友的全景、中景和特写，还是蛮容易的，对吧？

给观众新的视听信息速度要慢，这样他们的大脑才有足够的时间理解。尽可能利用上既有的信息在画面内的运动：比如在刚刚那个实验里，房间中走动的朋友就可以作为摄影机的引导。要让摄影机缓入缓出——想起来刚刚快速甩头和缓慢转头的区别了吧？

如果要提供全新的信息，就要给观众多一点时间来舒适地接受。想起刚刚快速睁眼和保持一段时间睁眼的区别了吗？人纵然可以极快地睁眼，但接收信息时则需要保持眼睛多睁会儿。

在一些情况下，尤其是戏剧性的片子中，你想要传达混乱的信息或是制造紧张局势。此时创造出的剪辑风格会成为传达信息本身的一部分，为了这个目的，可以刻意惊吓观众。比如将陌生的画面和声音以迅雷不及掩耳之势送到他们面前，势必要快于其大脑理解的速度。也可以在切到新场景时不给明确的关系（定位）镜头。快速地切换镜头，制造快速、不稳定的摄影机运动，使用不稳定的、模糊的画面，隐晦、失真的声音。这些都是有效的技术，只要它是故意为之，而非工作失误就好。

脱离导演，读明白剧本

　　没经验的新手剪辑师一般上来就开剪，这是错的。首先开始读剧本，并确保自己站在观众立场上思考看到这个片子会如何反应。"这是实现我想要的观众反应的最佳方式吗？"带着这个问题来决策每一刀的影片剪辑工作。在工作时，想象自己是观众，观看着每一个镜头。

　　让自己远离这部片子的导演，是开始剪辑工作的第一步，即使导演是你自己：把他想象成一个陌生人，你要严格地冷眼旁观，对他的想法和镜头做出判断。首先，像第一次看剧本、看声画素材那样去审视这些原材料。对于那些前期由自己导演或拍摄、后期还要自己剪的片子，工作计划上要在拍完和开剪之间隔上几周，这是非常有好处的。

　　我见过挺多在后期剪辑阶段被导演祸害的片子了，因为他对某个概念、镜头或某个段落有了太深的羁绊，而这些东西对影片本身却无益。这种情况往往是因为导演的一叶障目，因为其拍摄时的记忆干扰了他对镜头的真实需求。

　　作为导演，还记得你对某些场景如何剪辑在一起的想法吗？还记得你是如何熬到很晚才在脑子里想好概念，然后睡过头而错过早餐的吗？忘掉除了想法本身之外的一切吧！把这些想法当成其他人刚刚出炉的新鲜主意好了，若想法实践起来无效，那就扔掉！失掉的睡眠、错过的早餐，这与你的片子跟观众产生共鸣有什么关系？没有。那些经历、失眠什么的，都是你多余的负担，统统扔掉。

还记得你在拍那个美不胜收的镜头时遇到了多大的麻烦吗？现在看它只是一个对你的片子有用或者没用的镜头而已。观众并不关心你将摄影机置于适当位置并等待正确光线的麻烦，他们也不在乎你花了两个月时间才获得该地点拍摄许可的艰辛。这一切都在屏幕外，重要的是观众在屏幕上——这个你控制的窗口中看到了什么。如果其中有一个镜头不起作用——没有按应有的方式引起共鸣——那就把它扔了。

好笔记 = 好剪辑

剪辑笔记要求，要么在拍摄时尽可能细地把一切都记下来，要么在剪辑前整理好所有素材。在笔记的记述中，应统一采用一致的关键词，如将每场戏标识为："场景 #_"。采用一致的缩写，如 "MS"（中景）、"LS"（远景）等。使用相同的描述性术语，如用 "good"（过）来描述成功可用的镜次，用 "NG" 来描述不合格的镜次。如果手上有剧本，在笔记中用的关键字就应与剧本中的保持一致。

在开始剪辑前，应尽可能多花时间反复查阅素材。越了解这些画面与声音，就可以越有效地进行编辑。

开剪之后，可以使用剪辑软件的搜索功能来查找可用的素材。例如，搜索"场景 #23，乔伊，MS，过"，确保调用到符合条件的素材，从而避免把时间浪费给拍摄不合格的素材。

纸片剪辑

剪一段即兴的场景乃至片子是最有趣不过的事了，因为这着实是边剪辑边写作的感觉。当你在查看素材时，要做详细的剪辑笔记（或将自己的注释添加到画面 / 声音日志的副本中）。寻找最具感染力的画面和声音，将它们留存起来用于片子的开头和结尾，也可用于片子中间活跃气氛。寻找场景之间的联系——相似的颜色、动作、声音、对话。然后做一个纸片剪辑（paper edit）。

纸片剪辑就是根据各段切开的剪辑笔记拼出剧本。可以在大桌子或地板上排列组装素材的卡片，直到拼出全貌。（也可以用电脑上的 Word、Excel 等在屏幕上进行同样内容的无纸化办公，但这肯定比不上在真实空间中摆弄卡片的体验。）

想象你是一个编剧，正重组拼合一个精彩的、不知何故支离破碎的剧本。用上职业编剧的浑身解数来造型、整合。设计出一个套路，引导观众按你的想法做出反应。然后按照新的顺序将所有部分黏合在一起，使用纸片剪辑出一个正式剧本。

好的纸片剪辑可以使纪录片像精雕细琢的故事片那样打动观

众，甚至比后者效果更棒。

千万注意，如果没有做好剪辑笔记和纸片剪辑，即兴地剪辑纪录片或其他无剧本的片子，一定难免差池连连。这会浪费掉很多时间，比如在凌晨两点时发现还要给时间线填上五分钟窟窿，而素材库却见了底儿。这就是纸片剪辑的美妙之处，它可以让你把素材物尽其用。

创建影片中的世界，不断修正它

身为剪辑师的首要任务是为观众创造一个影片中的世界，让他们了解并适应这个世界。如果观众开始出戏，传达的信息则是无效的。因此在剪一段分镜头时，前几个镜头里要有一个关系（定位）镜头。

画外音旁白或对话可以起到引导视觉的作用，让观众知晓当下的状况："当我们通过高倍显微镜观察时，我们可以看到病毒……"

前面的相关镜头非常有助于建立新的空间定位：在一系列生物实验室的镜头之后，观众会假定接下来穿白大褂的人就是这个实验室的人，哪怕并不给出关系镜头也没关系。

如果观众已经熟悉了这部片子，哪怕给出的信息不多，他们一样可以对其快速定位。打个比方，当一位机械师组装发动机时，并不需要整辆车都在现场。相信我，作为片子的观众，其判断能

关系（定位）镜头揭示空间内的关系

力完全不亚于那个机械师，他们有能力一眼就判断出什么是发动机，它是从哪儿拆下来的。

　　创造好银幕世界，还要不断地修正。后期剪辑工作是一个有序的过程，一场戏接一场戏，一步一步有序地推进。超过两三个场景之后，大多数人便开始记不住画面了。一大堆没有空间、地理定位提醒的特写镜头之后，观众很有可能已经迷失掉方向而昏了头；他们主要的精力会分散到迷惑的情绪中，而不是关注你想表达的东西。因此，应不时切个广一点的镜头以作提醒之用。这能使观众踏实地看片子。

想方设法构建基本镜头段落

　　如果导演是按基本镜头段落法拍的话，那么剪辑也按分镜剪就好了。基本镜头段落通俗讲就是同一场景内的相关镜头来回切换——以此模拟观众每天看待周围生活的方式。一组基本镜头段落传达信息的效果远比一组不相关的拼凑场景镜头更好，后者会让观众看得莫名其妙。

　　即使前期没有按基本镜头段落拍，那也得以分镜的思路、形式来编辑你的声画素材。例如下列这些镜头：若干组在学校拍摄的教师采访，拍摄场景相似，构图也相似，并且尚未拍摄任何插入镜头。后期若直接就在两个近景镜头之间生切，就不太理想，正确做法是找来一些插入镜头。假设第一组镜头是 A 老师聊到科学实验课，下一组接 B 老师讨论上课时的学生纪律。直接用 A 老师镜头切学生在实验室的镜头，配上 A 老师未说完的画外评论；实验室学生的画面保持到 B 老师开始说话前，从 B 老师的画外音衔接到 B 老师的采访画面。插入的学生镜头就完成了两段采访间的自然转换、衔接。最终效果是一段有插入镜头的连续采访，而不是拼起两段没有关联的、滔滔不绝的采访镜头。

剪辑的基本原则：确保每个新镜头都不同

　　想象一下自己在一个婚礼招待会上，走在拥挤无比的迎宾队伍中，视野中仅能看到前面的人。当你被介绍给对面一个人并握手后，你向前走到下一个人面前，然而又遇到了上一个家伙！实际上这不过是之前那人的孪生兄弟。当遇到孪生兄弟时，你忍不住多看两眼。为什么？因为你期待队伍中的每个人看起来都彼此不同。一时困惑，你不得不让这个孪生兄弟重复他的名字。同样的现象也适用于剪片子。

每次你切换到一个新的镜头，你的观众都希望看到一些不同的东西。如果新镜头和旧镜头非常相似，他们就会感到片刻的困惑，他们的注意力就会离开你的片子。因此，一般来说，每一个新镜头都应与之前的在内容或构图上有明显的不同，也可以内容、构图均有差异。基本镜头段落的各个元素——全景镜头、中景镜头、特写镜头和插入镜头——虽然内容相似，但必须在取景和摄影机角度上有明显的不同，否则它们不能顺利地组合在一起。

节奏：事物变化的速度

节奏就是有所控制的切换画面和声音的速度。一个好的剪辑师会温柔地引导观众从一个镜头转到另一个镜头，而不会让他们从片子的内容中分心。如果节目内容完全是观众感兴趣的，那就什么都不用做；人类首次登上月球的画面就让人久看不厌。

更换画面和声音的原因只有两个：（1）更好地传递信息；（2）保持观众的兴趣。切勿为了剪辑而剪辑。通常的原则是，只要现有画面还能有效传递信息或令观众保持兴趣，就尽可能使用同一画面，之后再切换成新的画面。要想搞清楚何时剪辑，必须了解观众，并知道他们会做何反应。

　　好的剪辑师可以对观众的反应做出预判。在观众走神之前，剪辑师会给他们一个继续看下去的理由。剪辑师应该引导着观众的注意力翩翩起舞，时不时轻轻搀扶，让观众跟上节目的节奏。

　　如果想赋予某事物重要性，就展示得久一些。这相当于从视觉上加重了交流的语气。例如，"一百美元"说快了感觉就是很少的钱，但"一——百——美——元——"听上去就是很多钱。如果在蛀牙的近景上多停留一两拍的时间，而不是快速切过画面，那么对强化口腔健康的效果会更好。

　　如果想强化某样东西的重要性，那就频繁地展示它。重复很奏效。如果你不把九九乘法表重复背诵上无数次，又怎么会记住它呢？就拿安全须知来说，讲一次，你的观众有可能会记住它。以稍微不同的方式展示第二次、第三次，他们肯定会把这事记得牢一些。

　　如果你在展示新的、复杂的信息，放慢节奏，给观众更多时间来理解信息。如果观众还未完全理解当前屏幕上的内容就切换到了一个新场景，这会让他们感到困惑和沮丧。例如，任何主题的介绍性入门影片，都应比同一主题的进阶影片节奏要慢；对于观众来说，进阶影片中的信息是他们相对熟悉的。

运用合适的剪辑风格

任何视频节目的目标都应该是让观众对节目内容或信息做出你想要的反应。风格是你向观众传递内容或信息的方式。

剪辑风格取决于所选的画面和声音、将其呈现给观众的顺序，以及从一幅画面或一个声音切换到下一个的速度——节奏。

剪辑风格应与剧本、导演和摄影师所建立的风格形成互补。如果你本子写得好，导得好，拍得好，那么请遵循我之前讨论过的剪辑规则：建构和重建，使用基本镜头段落，每个新镜头都不同，确保节奏与观众的兴趣契合。如果这样做了，那么剪辑风格会藏匿于无形，而观众又清楚明白地接收到了节目传递的信息。

恰如其分的剪辑风格：传递信息，同时不让观众分心

如果得到的剪辑素材不够完美，可以通过打破规则和增加张力，让剪辑效果变得更好——不时给观众一个提示，让他们保持警惕和兴趣。这是个精细活儿。

为了增加张力，剪辑速度要快于预期，使用不常见的构图镜头，切换到意想不到的镜头，使用跳切镜头。"跳切"（jump cut）

就像这样：从一个人胳膊朝上的全景镜头，到一个人胳膊朝下的特写镜头；在场景转换时，手臂"掉"下来。这也被称为"破坏连续性"（bad continuity）。

要试着保持剪辑张力与观众兴趣的同步性。当遇到一系列难免乏味的指令镜头时，可以将其镜头段落剪出逐渐缩短的节奏，以此巧妙地激发观众的注意力；还有一个破解方法，就是试着逐渐提高背景音乐的音量，让观众在理解叙述者时稍微紧张起来，从而不由自主地投入更多的注意力。

大多数观众习惯于把镜头之间用的叠化之类的整屏过渡视效理解为时间、地点或主题的变化。一旦把这些视效错用于任何其他目的，或者仅仅是过多使用了，就会让观众的注意力从片子的内容上分心了。也有例外，比如当视效用于蒙太奇段落、商业广告、电视MV、新闻和体育报道上时，此类情况下，视效旨在引起人们的注意，其目的就融为内容的一部分，这是非常有效的。

剪辑师在剪一个片子时可取的操作是有限制的。如果这个片子的剧本、导演和摄影都很糟糕，再多的剪辑技巧也救不了它。正如垃圾是没办法做成美食的，素材很烂肯定剪不出好片子。巧妇难为无米之炊。

简单来说，大象无形。除了特别去构建的蒙太奇段落，最好的剪辑风格往往是透明的，不会被人注意到。如果真的谋求观众关注剪辑风格——剪辑风格有意地构成了片子内容的一部分——那就打破常规！但一定要确保自己了解观众，由此，观众方才会按我们的设想做出反应。

声音剪辑

以声音连接各个剪辑点是个很好用的方法。L 切（L-cuts）在对话场景和连接纪录片元素时尤其有用，这是一种将画面与声音结合起来以增添韵味的常规技术。

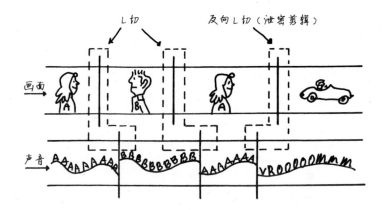

假如人物 A 正在对人物 B 说话，切到 B 听 A 说最后一句话的表情，然后 B 开始说话。就在 B 还未结束说话时，又切换到 A 在倾听的画面，直到 A 开始说话。这就是 L 切。

L 切让片子更有感染力，推动了情节向前发展。首先，它用一幅与观众听到的声音并不相符的画面引诱观众，紧接着迅速满足观众的好奇心，带他们进入下一场景。

当 B 打断 A 时，可以使用反向 L 切（Reverse L-cut，也叫 J-cut）。切进 B 的声音而保持 A 的画面不变，进而再切换成 B 的画面。

反向 L 切也叫泄密剪辑（telegraph cut），因为它让观众提前知道接下来将发生什么。这种先引入声音再引入画面的方式，可以让剪辑变得更顺畅。我会使用反向 L 切来引入画外音或是新场景的音乐。先引入新声音再引入新画面的次第过渡方式，与同时引入两者的方式相比，没那么突兀。

之前提到过使用旁白或对话去构建一个段落的分镜。其他类型的声音——背景声和效果声也有助于构建镜头序列。例如，流水线噪声贯穿几个不同的镜头，观众会认为他们一直处在同一区域。如果流水线的噪声继续，但音量变小，配上一个男人伏案工作的镜头，那么观众就会认为这个男人正在工厂周边。

背景音乐

剪辑中使用的大部分音乐都是背景音乐。跟剪辑的其他方面一样，当背景音乐既没有引起观众注意也没有被记住时，是最有效的。尽管如此，背景音乐仍然扮演着重要角色。

背景音乐可以帮助传递情绪或强化节目想要表达的信息。观众会把他们对音乐的感受和屏幕上看到的内容联系起来。例如，在演示安全工作程序时，使用乐观而积极的音乐。当展示不良工作习惯时，使用刺耳的甚至不和谐的音乐，来强化负面叙事和视觉信息。

　　背景音乐可以让作品增色不少。当配上乐观、活泼的音乐，沉闷的画面和叙述立马变得鲜活起来。

　　背景音乐可以增强片子的感染力和秩序感。

　　背景音乐让作品变得连贯、有秩序。当同一段音乐覆盖了一系列不相关的镜头时，观众会本能地知道这些镜头之间有共性，并相应地调整他们自己的思维模式。

选择和剪辑素材库音乐

　　背景音乐好比水暖管道系统，它的功能比美观更重要。背景音乐要发挥其应有的作用，就必须在主题和音量上保持一致，且必须始终居于背景之中。大多数商业音乐有太多的变化——太多明显的高峰和低谷，以至于不适合作为背景音乐。最好的选择就是素材库音乐——专门为电影和电视节目创作的音乐。

　　素材库里有成千上万首可用的优质音乐。大多数剪辑室都有至少一套音乐集。使用素材库音乐所支付的许可费通常比购买商业音乐版权费用要低，也远比原创音乐低。

　　搜索素材库音乐时，要保持心态开放；你会经常发现为片子 A 段落所选的音乐用在 B 段落时反而效果更好。最重要的是找到既能传递作品情绪也不会与人声轨道发生冲突的音乐。尝试找一批乐器相近、风格类似的音乐，不同的选段易于无缝衔接。若选段在片中也会被分成不同部分，则乐器、风格的匹配就没那么重要了。

　　许多素材库音乐以中性的打击乐作为开头和结尾，这使过渡变得更容易。此外，强烈的声音效果或对话可以掩盖音乐变化使其不那么明显。或者在混音中做音乐叠化，将旧音乐淡出，新音乐淡入。这被称为平滑过渡（segue），发音为 SEG-way。

　　有三种基本方法可以将一段素材库音乐编入片子的音轨。可以对其进行头部同步，从画面起点处开始播放音乐，然后在画面结尾处淡出音乐。也可以进行尾部同步，将音乐与画面对齐，在画面终结处结束音乐，然后在画面开头处淡入音乐。或——我通常做的是——把音乐选段从中间切断，一条音轨上前半部分头部同步，另一条音轨上后半部分尾部同步，并在它们相交且听起来相似的地方进行平滑过渡或剪辑。如果在一段对话或音效下进行过渡或剪辑，甚至都不会被注意到。

　　如果有购买原创音乐的预算，那么构思、定制原创音乐的方式与选择素材库音乐的思路是一致的；尽可能清楚地写下所有需求，并向作曲家展示剪辑过的片子。有时向作曲家展示一些与你想要的原创音乐相近的素材库音乐或商业音乐，对其创作会有帮助。最重要的是，不要让作曲家太过激动，以至于创作出的背景音乐太跳或不合时宜地引起人们的注意。

混音：分离音轨

混音有两个基本目标：（1）改善原始录音的质量和效果；（2）将所有声音元素——人声、音乐和效果音——混合在一起，使它们有助于向观众传递信息。通过将声音元素分离到尽可能多的单独音轨中，可以最大限度地实现这两个目标。

将声音元素分类别放到单独的音轨上，就可以对其进行最大程度的控制。如果在对话录音中，人物 A 讲话非常大声而人物 B 说话声很轻，那就要在混音期间不断上下调节音量以保持一致的声音水平。然而，如果将 A 的声音放在一个轨道上，B 的声音放在另一个轨道上，则可以为每个轨道设置单独的音量大小并分别保存。还可以均衡 A 的声音（通过调节不同的频率）而不影响 B 的声音。

最后一步：脱离编辑

正如导演从事后期剪辑工作时必然要摒弃剪辑之外的其他思维干扰，作为剪辑师必须把自己和剪辑作品分离开，这样才能做出正确的判断。

理想的做法是将剪辑过的片子搁置起来，离开一个月后再回来看它，但这通常无法做到。另一种选择是尝试让思维放空，就像从未见过这个片子一样去审视它。以一个标准来衡量所有——

片子是否将我的信息传递给观众？他们是否按照我期望的方式做出反应？摒弃或修改任何不符合标准的内容。

尽可能找来与目标受众相近的人观看做好的片子，听取他们的意见。即使是最愚蠢的言论也可以反映出一定的与片子效果相关的信息，别着急否认或忽视。

后 记

拍片是一种主观艺术，没有绝对的对和错。但还是有一些普遍规律——正如本书向大家阐释的那些。

当然，想偏离这些基础规律也并没什么大不了的。只要你能清楚自己在做什么，以及为什么这样做。否则，工作将会失控，观众也会深感困惑。不妨先试拍一个基本镜头段落的样片，以便理清思路，然后再去倾尽全力完成炫技大作。你会很高兴这么做的。

欢迎别人的质疑，并学会自我批评。这是进步的唯一途径。每一个批评，无论它看起来多么荒谬，都反映出拍摄工作可能存在的问题。

不要沉浸在成功中——分析并找出它成功的原因，这样就有规律可循了。使用相同的流程来评估和了解失败与不足。所谓职业化，就是一种能够重复成功和避免重复犯错的能力。

我希望我的书能助你精进，并祝你拍片快乐！

练　习 *

　　《快速上手！视频拍摄剪辑入门》一书涵盖了拍摄影片所需的所有构图技巧、镜头类型、分镜、摄影机移动方法和照明策略，足以满足初学者拍摄出一部精彩的作品。然而，在你开始制作你的杰作（甚至是你的处女作）之前，明智的做法是先练习所学过的东西，这样接下来对知识的运用才能得心应手。

　　如果你正学习的课程要求阅读此书，那么老师会布置家庭作业和任务来帮助巩固所学内容；如果阅读此书是你自学计划的一部分，那么在开始第一部成熟的制作前，请先通过这些练习来提升技术。

　　可以使用任何有录制视频功能的设备完成这些练习。其他器械，如三脚架或灯，都可以派上用场。录制好的声音通常需要使用麦克风，虽然此书中没有涉及录音的练习，但如果有设备，也可以试着练习。

　　要构建基本镜头段落，需要使用某种剪辑软件将单独的镜头拼接在一起，并按顺序查看。如果使用智能手机或平板电脑录制

* 本篇练习内容，由专业平面摄影师、纽约摄影学院前院长查克·德莱尼撰写。

视频，那么可以花费几美元购买一个应用程序或免费下载一个程序进行如上操作。如果使用的是数码相机，那么购买的剪辑软件需要同时能与设备和电脑兼容。

对于某些练习，需要一两个"演员"配合，可以请家人、朋友或熟人帮忙。没有必要在服装、发型和妆容上投入精力，但如果想尽力融入这些元素，那么得到的体验会更有价值。这些也会帮助演员放松，让他们在镜头前有更好的表现。

像任何练习一样，投入越多，收获越多。

完成练习后，有两种方法来评估练习效果：（1）自己观察并分析可以做些什么来改进；（2）向感兴趣的家人或朋友展示，向他们解释我们在做什么及为什么这么做，并征询他们的意见。

练习 1：构图

在室外录制一个 3 至 7 秒的视频片段，画面中保留一个主要物体。首先，将拍摄对象置于画面正中央。然后，通过移动摄影机或改变站位，根据三分法（见第 2 章）来重新构建场景，将主要物体放置在所示的其中一个兴趣点上，再录制一个片段。

再找一个物体放在相较于第一个物体距离摄影机更近或更远的位置。录制两个片段，一个片段使物体位于画面中央，另一个片段则使用三分法，将物体放置在四个兴趣点中的另外一个点上。

练习 2：平衡

复习书中关于平衡的部分（见第 2 章），然后拍摄两个片段，选用不同的被摄体。

选择一个静物拍摄一个片段，使之位于画面中间，然后调节画面使之平衡。被摄体可以是一个望向画外的人，也可以是需要平衡的物体。

选择一个移动的物体进行拍摄，例如汽车，摇摄（见第 5 章）以使物体在画面中所占比例保持不变。拍摄两个片段：第一个移动的被摄体保持在画框中间；第二个调节被摄体的位置，使画面看起来更加平衡。摇摄移动中的物体需要一些练习，可能需要多做几次。调节被摄体到让人舒适的位置。

练习 3：色彩平衡

　　复习色彩平衡部分（见第 2 章）。让一个演员作为被摄体，将其置于不同颜色的背景下，颜色可以选取中性色（白、灰和黑）或明亮色。拍摄颜色组合不同的几个片段，然后对比哪一个组合使画面更协调，同时又能突出其中的人物。

　　平衡从某种角度来说是一件很主观的事。尝试的组合越多，学到的就越多。拍摄需要一位志愿者演员的帮助，如果想要使练习更加高效，那么就需要提前花费几天去寻找拍摄地，并记录下想要拍摄的地点和背景，然后再带演员过去，而不是让演员跟着你到处瞎转去寻找背景。

　　提示：色彩平衡也会受到演员衣着颜色的影响。如果想更全面地了解色彩平衡，就让演员带上两件不同的衬衫或毛衣：一件为中性色，如灰色；另一件是明亮耀眼的颜色，如黄色、红色或蓝色。

　　最后，这些平衡的概念也是可以被打破的。例如，本身吸引人注意的背景可以帮助镜头下的被摄体掩藏几秒，直到声音或动作唤起人们对被摄体的注意。放手去做一些打破规则的尝试。

练习 4：角度

正如第 2 章中所讲，电影和视频图像只有两个维度。第三个维度——深度——只能通过暗示来表达。表现深度最重要的方法之一就是选择一个角度，通过角度为被摄体制造出有深度的幻觉。

第一，拍摄两个片段，选择不同的被摄体。在第一个片段中，采用正面观看被摄对象的机位，画面不会有深度感。在第二个片段中，采用会给被摄对象增加深度感的机位。

第二，选用一个演员来拍摄一个或多个片段。第一个片段，使摄影机保持在与视线水平的位置。然后，拍摄同一个物体，分别选取极低角度（虫眼视角）和非常高的角度（鸟瞰视角）进行拍摄。

练习 5：框式构图

取景时使用框式构图是引导观众视线进入场景、强化突出主题的好方法。无论是使用演员还是静物，花上 30 到 60 分钟在街上溜达溜达，寻找现成可用的构图元素。当确定好镜头里可用的"画框"后，给被摄体拍上两段视频素材，一段构图用上那个框，另一段则不使用框式构图。

试着在规定时间内找出三种不同的构图方式。这事做起来可不简单，仔细斟酌它的可能性。在每次拍摄时，只能拉一个同伴来帮你举道具框，可参考本书第 44 页插图。

与练习 3 一样，如果使用演员的话，可能就需要拍摄者在演员来现场前就确定好机位。许多电影人始终随身携带照相机或智能手机，用以预览、设计机位，并拍下静帧作为参考、记录，以备正式拍摄镜头时使用。

练习 6：引导线

　　头一次尝试着在画面里把引导线找出来会觉得挺难。复习第 2 章里的示例。在本练习中，拍摄三个中景或全景镜头，试着使用引导线将观众的视线引向目标主体。请记住，这通常需要仔细选择摄影机的位置和角度，或需挪动画面内的物体。不用太费心记录本书中所举的那些"不太好的"例子。把精力放在多尝试上面吧。火车铁轨和围栏通常是你寻找引导线的好地方。

练习 7：背景——管理观众的注意力

在拍摄的画面中，主体后面的背景常常有不同的功能。

第一，要掌握的技巧是学着控制拍摄时的画面背景，不要让观众从画面的主体上分心给背景。

现在开始练习，阅读第 2 章中的示例，然后找个简单柔和的背景衬托主体，以中、全景镜头拍摄视频片段。

第二，找到方法集中观众的注意力，使用技术把主体从繁复的背景中分离出来。如果摄影机条件允许的话，尝试使用浅景深将背景虚化。另外，还可以尝试调整不同的角度将被摄主体与背景分开。

第三，使用中景镜头取景，找到合适的方式，拍摄下移动对象，或改变摄影机角度，以隐藏被摄体身后的干扰性背景元素。在本练习中，请首先拍摄下画面中有背景干扰因素的情况，然后进行校正以消除干扰因素。

最后，再来做一点研究，看看如何有效地打破这些规则。最好的例子之一就是文森特·凡·高的肖像画。可以上互联网或者去图书馆一趟看看他的自画像，他的另外两幅画作也很值得一看：《摇篮曲》（*La Berceuse*）和《邮差约瑟夫·罗林》（*Postman Joseph Roulin*）。这些画凡·高都画过很多次。许多肖像有意地把主体放在非常繁复的背景前。在自画像中，这些背景传达了一种画家极其激动的心境，溢于"画"表。

拍一个演员的中景人物肖像，找一个非常忙乱的背景，看看自己如何打破那些规则并实现突出主体的效果。

练习 8：常规镜头景别

选择一个你感兴趣的外景地。按照本书第 3 章对场景分镜的描述开展拍摄训练。被摄主体可以是一个静物，也可以是 1 至 2 名演员。在此地点拍摄有关被摄体的一系列基本镜头即可。

- 全景镜头（关系 / 定位镜头）
- 中景镜头
- 特写镜头

给每个景别都尝试不同的拍法。留意每个镜头的最佳背景，这取决于它是否适合被摄体，好的背景是不会分散观众的注意力的。

练习 9：基本镜头段落

　　此处，开始将所有技巧整合起来！查看第 3 章中的插图和说明。然后用拍摄两个演员的不同镜头来创建基本镜头段落。除了练习 8 中拍摄的常规镜头景别外，也可以拍一些新的画面。另外还得确保拍一些插入镜头。此时，应拍摄固定镜头来练习。在掌握了使用固定镜头创建基本镜头段落之后，再开始运动镜头的练习。即使可以使用的仅有原始的录音选项，也请设计一些人物对话。如果进行外景拍摄的话，尽量避免刮风的天气，否则会使录制的声音听起来有些刺耳。

　　须知切换镜头时，应同时改变景别大小和摄影机角度。请特别注意本书第 59 页图示中的 45 度角位置。

　　后期剪辑：前期拍摄时规划的基本镜头段落中的每个镜头都会拍上几条，再完成一些切出镜头，就可以将其合并起来剪成镜头组了。刚开始时有些粗糙，并且有些切点使整段镜头看起来有些尴尬，不必大惊小怪。要是剪片子没点门槛的话，那么人人都是剪辑师了。

　　首次尝试拼接镜头段落后，你可能需要重拍一些镜头。如果是这种情况，请查看第 3 章中有关动作剪辑的段落和入画、出画的段落，确保你把拍出来的素材发挥出了最大价值。

　　如果一个外景地曾被多次取景做拍摄练习的话，那么前几次的素材亦可以用作此次镜头段落的插入镜头。

此外，鉴于本书中没有专为摄影机越轴问题而设的练习，应多拍几个中景镜头，这些镜头可以放在越轴的镜头段落里，你就可以看出越轴令观众困惑之处了。想弄明白动态影像中为什么会存在越轴，剪一个这样的基本镜头组就明白了。

以剪辑师的眼光看待拍摄完成的镜头素材，将在后期剪辑阶段中吸取的经验教训应用于重拍。可以多读读第 10 章。

万事开头难，头几回可能还会遇到一两个跳切的情况，但这是学习过程的一部分。剪成一段基本镜头段落会是颇有难度的事，但也没必要困扰，不如回顾一下自己取得的进步。

与家人、朋友或演员一起回顾此练习尤为重要，可以向他们解释你想要达成的效果。他人往往会借你一双慧眼，提供有益的建议。

练习 10：运动摄影

复习第 5 章。是时候放飞摄影机了。尽管各种不同的摄影机移动（以及复合运动）可以为这个制作增色不少，但请注意第 5 章警告提示过的，过多的移动可能会妨碍讲故事，并分散观众的注意力。

记住，摄影机移动有几个目的：第一种是在场景中添加运动，以增强观众的兴趣；第二种是在一个镜头拍摄开始后展示出更多的场景；第三种是在同一个镜头内带领观众完成不同地点的转换。所有这些都可以通过使用变焦放大或缩小、从左到右或从右到左横摇、上下纵摇摄影机以升高或降低画内的视点来实现。

如第 5 章所述，同一镜头中可以使用两种不同类型的移动，不过这需要大量练习，并且可能在剪辑过程中带来挑战。

本次练习中，应利用上之前所有练习中获得的经验。首先，记录一些基本动作。如果摄影机具有变焦功能，则可以练习放大被摄对象。找到另一个主体并拉开景别以展示更多场景内容。尝试使用不同的横摇、纵摇来控制观众看到的内容。

如果演员时间允许，尝试使用运动镜头重拍部分基础分镜。例如，可以从中景开始，然后将镜头拉开到全景镜头以定位场景关系，而不是从全景开始。

练习 11：构建蒙太奇

你可以创作有效的蒙太奇段落，帮助作品提升讲故事的水平。对于本练习，可以着手制作各种被摄主体的短片段（1 至 2 秒）来构建一段新的蒙太奇镜头。试着在作品中建立一个有意义的主题。例如，如果故事中的角色去拉斯维加斯（或你的家乡）旅游，那么用蒙太奇的方法来标识地点便是很高效的。

另外，蒙太奇可以组建出一个地方——公园、动物园或瀑布。你可以以早先练习所拍摄的不同素材拼出这样一个场景。

练习 12：实操布光

▶▶ 外景用光

首先，选择一个拍外景的户外地点，这是个离你不远且一天中的不同时间皆可到访的位置。

在该取景地不同时间的光照条件下拍摄全景和中景镜头。任选一种方式标记好拍摄的机位，以便可以重返该地在相同位置拍摄相同的两个镜头：

- 晴天时，早晨、傍晚的日光投影很长
- 晴天时，中午头顶就是太阳
- 阴天、中午，同一场景
- 破晓、日暮，同一场景
- 雨雪天气，同一场景

研究不同的光照条件下该场景的外观变化。

然后，请一位演员作为被摄对象，另一位演员为助手，这个拍摄会使用到反光板。首先，可以使用覆盖有铝箔的纸板制作简易反光板，或者从办公用品商店购买一块白色的海报板。0.6 米×1 米大小的反光板就足够用于拍摄中近景镜头了。白色海报板可以反射出柔和的光线，而铝箔板可以反射出更明亮的光线。

使用反光板来减弱被摄对象脸上的阴影，尝试在阳光下拍摄中景和特写镜头。分别拍下不带反光板的片段和带反光板补光的片段。此时需要指导助手布置反光板的位置以减弱阴影。

被摄体处于背对太阳的逆光中时，使用反光板可能会很有用。如果没有反光板对整个面部阴影区域进行补光的话，那么被摄者相对于整个场景来说就显得太暗了。

▶▶▶ 内景用光

如果有照明设备的话，尝试用反射光来提供更柔和的照明。另外，在室内拍摄影像的话，要合理、有效地利用从窗户射进来的光线。虽然南向的窗户会有阳光射进来，但没有阳光直射的其他朝向的窗户通常更好，因为光线柔和，也可以为特写、中景镜头提供良好的照明。被摄对象不面向窗口时可以使用反光板来补光，弱化阴影。

这些照明练习的目标是使人领略到在室外、室内不同情况的拍摄中，布光照明的多种可能性。在讲故事的过程中，尽管可以使用室内外的自然光来完成多数工作，但还是要考虑投资一些灯光设备。

出版后记

　　这本精简又全面的基础教材第一次出版于1982年，清晰地阐明了视频拍摄的基本要素，包括构图、轴线和屏幕方向等动手拍片前需要了解的基本概念。正如其英文书名中 Bare Bones（字面意思为"纯骨架"）所表明的，它以极其友好、简约且高效的方式，直指影视拍摄朴素的本质。

　　作者汤姆·施罗佩尔从事影视、广告以及相关培训行业。最初，他打算编写一本教材，只是为了教会零基础的客户如何使用摄影机。为此，他收集笔记，绘制简笔画插图，用电动打字机键入以上所有内容，编写了最初版草稿，并打印出来分发给同行朋友。他希望获得一些业内建议，于是在美国电影学会（AFI）教育通讯上刊登了一则广告，声称会提供这本教材的免费副本，以换取反馈意见。100名教师索要了资料，其中30人立即回信说，他们想把这本书——即便只是草稿加简笔画的版本——用作教材。

　　在很长一段时间内，由于施罗佩尔坚持自助出版，该书发行范围极其有限，正式版本难以买到。因此，第一批读者中有很多人读到的都是在学校小书店复印出来的一摞装订松散的、冒着热气的纸稿。就是这样一本由双倍行距、12 号 Courier 字体手稿和手绘插图组成的可怜稿子，帮助他们开启了创作生涯。

这本教材凭借其实力最终还是登上了美国亚马逊畅销书榜单，风靡全球艺术院校，被列为必读书目。及至第 3 版问世时，它已经被超过 700 所院校选作基础教材，创造了数十万册的销售成绩。就像那些横空出世的独立电影或视频平台上大热的草根小视频一般，它外表毫不起眼，效果却令人赞叹不已——就连传奇电影摄影师内斯托尔·阿尔门德罗斯也称之为"清晰与简洁的奇迹"。此次引进的第 3 版中新增了有关声音和剪辑的内容，可以帮助每一位志在拍出漂亮作品的创作者全方位地掌握必备知识。

作为出版方，我们深知此书的重要性，在编校过程中对书中的专业术语等进行了规范和统一，在版式设计上充分参照原书，并采用了双色印刷，力求为读者提供更好的阅读体验。

在本书出版之前，我们已出版多种影视拍摄剪辑类书籍，从入门到进阶均有涵盖，如《镜头的语法》《电影镜头设计》《场面调度》《剪辑的语法》《剪辑功课》等。更多短视频制作、摄影、剪辑的相关书籍也将陆续推出，敬请关注。

后浪电影学院
2023 年 2 月

著作权合同登记图字：22-2022-128号

图书在版编目（ＣＩＰ）数据

快速上手！视频拍摄剪辑入门 / (德) 汤姆·施罗佩
尔著; 刘大鹏, 王丽冬译. -- 贵阳 : 贵州人民出版社,
2023.4（2024.1重印）

ISBN 978-7-221-17476-5

Ⅰ.①快… Ⅱ.①汤… ②刘… ③王… Ⅲ.①视频制
作 Ⅳ.①TN948.4

中国国家版本馆CIP数据核字(2023)第013587号

KUAISU SHANGSHOU! SHIPIN PAISHE JIANJI RUMEN

快速上手！视频拍摄剪辑入门

［德］汤姆·施罗佩尔　著

刘大鹏　王丽冬　译

出 版 人：朱文迅		选题策划：后浪出版公司	
出版统筹：吴兴元		编辑统筹：陈草心	
特约编辑：梁 媛		责任编辑：徐小凤	
封面设计：墨白空间·陈威伸			
出版发行：贵州出版集团　贵州人民出版社			
地　　址：贵阳市观山湖区会展东路SOHO办公区A座			
印　　刷：北京天宇万达印刷有限公司			
版　　次：2023年4月第1版			
印　　次：2024年1月第3次印刷			
开　　本：889毫米×1194毫米　1/32			
印　　张：6			
字　　数：119千字			
书　　号：ISBN 978-7-221-17476-5			
定　　价：49.80元			

后浪出版咨询（北京）有限责任公司 版权所有，侵权必究
投诉信箱：editor@hinabook.com　fawu@hinabook.com
未经许可，不得以任何方式复制或者抄袭本书部分或全部内容
本书若有印装质量问题，请与本公司联系调换，电话010-64072833

贵州人民出版社微信

  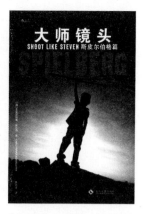

《大师镜头 昆汀篇》

著者：[澳] 克里斯托弗・肯沃西
（Christopher Kenworthy）
译者：黄尤达
ISBN：9787514224207
出版时间：2018.12
定价：39.80 元

《大师镜头 斯科塞斯篇》

著者：[澳] 克里斯托弗・肯沃西
（Christopher Kenworthy）
译者：林小羽
ISBN：9787514225785
出版时间：2019.07
定价：39.80 元

《大师镜头 斯皮尔伯格篇》

著者：[澳] 克里斯托弗・肯沃西
（Christopher Kenworthy）
译者：黄尤达
ISBN：9787514225792
出版时间：2019.07
定价：39.80 元

★ Amazon 电影类畅销榜 No.1 作者重磅导演技法书

★ 逐镜解析如何创造惊险瞬间和心碎时刻

★ 解锁大师级运镜思维，刷新拉片姿势

☞ 为什么
同样的机位设置，你拍得松散拖沓？
台词明明妙语连珠，观众却在开小差？
演员卖力表演，你的镜头却无法传递情绪？

☞ 拍片必备，随时可查
每一个镜头，都可以用低成本的方式拍摄
非专业设备也能拍出高级电影感

☞ 你也可以做到
每场戏都恰到好处，每个镜头都表达精准
每到关键时刻总能令观众惊心动魄

《拍出电影感》

★ 北京电影学院摄影系精品提高班，干货集结

★ 选取 ASC、BSC 国际一线摄影师经典范例

★ 收录《007：大破天幕杀机》《地心引力》《龙纹身的女孩》《权力的游戏》《神探夏洛克》等片例

★ 罗杰·迪金斯、罗伯特·理查森、斯托拉罗……殿堂级大师技法大公开

★ 8 大专题，助你完成从"网大"到电影级质感的跨越，拍出惊艳影像作品

★ 700 幅高清图片，全彩精修，上百个实战案例细致拆解，激发创作灵感

著者：屠明非
ISBN：9787514224207
出版时间：2021.04
定价：180.00 元

作者简介 | 屠明非，1982 年本科毕业于北京工业大学电子学系，获学士学位。1989 年研究生毕业于北京电影学院摄影系，获硕士学位，后任教于摄影系，讲授"曝光技术与技巧""摄影滤镜""电影制作""计算机图形图像技术的电影应用""特技制作"等课程。曾任中国电影电视技术学会理事，中国电影家协会、中国摄影家学会、中国感光研究会会员。专业方向为电影技术，研究领域涉及影视、计算机技术、特技制作、电影及图片摄影、视知觉和视觉心理学等。主要影视作品有《香魂女》（1993，任副摄影，本片获柏林电影节金熊奖）、《乐魂》（1995）等。